全国计算机等级考试

笔试考试习题集

二级 Visual FoxPro 数据库程序设计

全国计算机等级考试命题研究组　编

南开大学出版社

天　津

图书在版编目(CIP)数据

全国计算机等级考试笔试考试习题集：2011版. 二级
Visual FoxPro 数据库程序设计 / 全国计算机等级考试命
题研究组编. —7版. —天津：南开大学出版社，2010.12
　ISBN 978-7-310-02270-0

　Ⅰ.全… Ⅱ.全… Ⅲ.电子计算机－水平考试－习题
Ⅳ.TP3-44

中国版本图书馆 CIP 数据核字(2009)第 190959 号

南开大学出版社出版发行
出版人：肖占鹏
地址：天津市南开区卫津路 94 号　　邮政编码：300071
营销部电话：(022)23508339　23500755
营销部传真：(022)23508542　　邮购部电话：(022)23502200
＊
天津泰宇印务有限公司印刷
全国各地新华书店经销
＊
2010 年 12 月第 7 版　　2010 年 12 月第 7 次印刷
787×1092 毫米　16 开本　**12.875 印张**　318 千字
定价：25.00 元

如遇图书印装质量问题，请与本社营销部联系调换，电话：(022)23507125

编委会

主　编：夏　菲

副主编：李　煜

编　委：张志刚　苏　娟　刘　一　毛卫东　刘时珍　敖群星

前　言

　　信息时代，计算机与软件技术日新月异，在国家经济建设和社会发展的过程中，发挥着越来越重要的作用，已经成为不可或缺的关键性因素。国家教育部考试中心自 1994 年推出"全国计算机等级考试"以来，已经经过了十几年，考生超过千万人。

　　计算机等级考试需要考查学生的实际操作能力以及理论基础。因此，经全国计算机等级考试委员会专家的论证，以及教育部考试中心有关方面的研究，我们编写了《全国计算机等级考试上机考试习题集》，供考生考前学习使用。该习题集的编写、出版和发行，对考生的帮助很大，自出版以来就一直受到广大考生的欢迎。为配合社会各类人员参加考试，能顺利通过"全国计算机等级考试"，我们组织多年从事辅导计算机等级考试的专家在对近几年的考试深刻分析、研究的基础上，结合上机考试习题集的一些编写经验，并依据教育部考试中心最新考试大纲的要求，编写出这套"全国计算机等级考试笔试考试习题集"。

　　编写这样一套习题集，是参照上机考试习题集的做法，其内容同实际考试内容接近，使考生能够有的放矢地进行复习，希望考生能顺利通过考试。

　　本书针对参加全国计算机等级考试的考生，同时也可以作为普通高校、大专院校、成人高等教育以及相关培训班的练习题和考试题使用。

　　为了保证本书及时面市和内容准确，很多朋友做出了贡献，夏菲、李煜、孙正、宋颖、张志刚、苏鹏、刘一、李岩、毛卫东、李占元、刘时珍、敖群星等老师在编写文档、调试程序、排版、查错等工作中加班加点，付出了很多辛苦，在此一并表示感谢！

全国计算机等级考试命题研究组

前　言

目　录

第1套

一、选择题

下列各题 A、B、C、D 四个选项中，只有一个选项是正确的，请将正确选项涂写在答题卡相应位置上，答在试卷上不得分。

1. 下面关于对象概念的描述中，（　　）是错误的。
   A. 对象就是 C 语言中的结构体变量
   B. 对象代表着正在创建的系统中的一个实体
   C. 对象是一个状态和操作（或方法）的封装体
   D. 对象之间的信息传递是通过消息进行的

2. 支持数据库各种操作的软件系统叫做（　　）。
   A. 数据库管理系统　　　　　　　　　B. 文件系统
   C. 数据库系统　　　　　　　　　　　D. 操作系统

3. 在关系数据库模型中，通常可以把以外码作为主码的关系称为（　　），也称主关系。
   A. 被参照关系　　　　　　　　　　　B. 参照关系
   C. 主码　　　　　　　　　　　　　　D. 主关系

4. 下面数据结构中，属于非线性的是（　　）。
   A. 线性表　　　　　　　　　　　　　B. 树
   C. 队列　　　　　　　　　　　　　　D. 堆栈

5. 下面概念中，不属于面向对象方法的是（　　）。
   A. 对象　　　　　　　　　　　　　　B. 继承
   C. 类　　　　　　　　　　　　　　　D. 过程调用

6. 设有如下三个关系表

R
A
m
n

S	
B	C
1	3

T		
A	B	C
m	1	3
n	1	3

下列操作中正确的是（　　）。

A. T=R∩S
B. T=R∪S
C. T=R×S
D. T=R/S

7. 结构化程序设计主要强调的是（　　　）。
　　A. 程序的规模
　　B. 程序的效率
　　C. 程序设计语言的先进性
　　D. 程序易读性

8. 下列模式中，能够给出数据库物理存储结构与物理存取方法的是（　　　）。
　　A. 内模式
　　B. 外模式
　　C. 概念模式
　　D. 逻辑模式

9. 按照"先进先出"原则组织数据的数据结构是（　　　）。
　　A. 队列
　　B. 栈
　　C. 双向链表
　　D. 二叉树

10. 从用户角度看，下面列出的条目中（　　　）是数据库管理系统应具有的目标。
　　Ⅰ、用户界面友好
　　Ⅱ、内部结构清晰、层次分明
　　Ⅲ、开放性，即符合标准和规范
　　Ⅳ、负责管理企业组织的数据库资源
　　A. Ⅰ、Ⅱ
　　B. Ⅰ、Ⅱ、Ⅲ
　　C. Ⅲ、Ⅳ
　　D. 都是

11. 在 Visual FoxPro 程序中使用的内存变量分两类，它们是（　　　）。
　　A. 字符变量和数组变量
　　B. 简单变量和数组变量
　　C. 全局变量和局部变量
　　D. 一般变量和下标变量

12. 在 Visual FoxPro 中，使用"菜单设计器"定义菜单，最后生成的菜单程序的扩展名是（　　　）。
　　A. MNX
　　B. PRG
　　C. MPR
　　D. SPR

13. 某表中有字符型、数值型和逻辑型 3 个字段。其中字符型字段宽度为 5，数值型字段宽度为 6，小数位数为 2。该表中共有 100 条记录，则全部记录占用的存储字节数是（　　　）。
　　A. 1 100
　　B. 1 200
　　C. 1 300
　　D. 1 400

14. 运行 Visual FoxPro 6.0 对 CPU 的最低要求是（　　　）。
　　A. 386 / 40
　　B. 486 / 66
　　C. 586 / 100
　　D. 686 / 400

15. 关系运算中的选择运算是（　　　）。

A. 从关系中找出满足给定条件的元组的操作

B. 从关系中选择若干个属性组成新的关系的操作

C. 从关系中选择满足给定条件的属性的操作

D. A 和 B 都对

16. Visual FoxPro 内存变量的数据类型不包括（   ）。

    A. 数值型   B. 货币型

    C. 备注型   D. 逻辑型

17. 在 Visual FoxPro 中，为了将表单从内存中释放（清除），可将表单中退出命令按钮的 Click 事件代码设置为（   ）。

    A. ThisForm.Refresh   B. ThisForm.Delete

    C. ThisForm.Hide   D. ThisForm.Release

18. 对于图书管理数据库存，

图书（总编号 C（6），分类号 C（8），书名 C（16），作者 C（6），出版单位 C（20），单价 N（6，2）

读者（借书证号 C（4），单位 C（8），姓名 C（6），性别 C（2），职称 C（6），地址 C（20）

借阅（借书证号 C（4），总编号 C（6），借书日期 D（8））

检索南开大学出版社出版的单价在 20 元以下的（不含 20 元）图书。下面 SQL 语句中正确的是（   ）。

    A. SELECT*FROM 图书 WHERE 出版单位="南开大学出版社" AND 单价<20

    B. SELECT 单价<20 FROM 图书 WHERE 出版单位="南开大学出版社"

    C. SELECT 单价 FROM 图书 GROUP BY 出版单位="南开大学出版社"HAVING 单价<20

    D. SELECT*FROM 图书 WHERE 出版单位="南开大学出版社"ORDER BY 单价<20

19. 假设使用 DIMENSION a（5）定义了一个一维数组 a，正确的赋值语句是（   ）。

    A. a［6］=10   B. a=10

    C. a［1］，a［2］，a［3］=10   D. STORE 10 a［1］，a［2］，a［3］

20. 在 Visual FoxPro 中，下列关于表的叙述正确的是（   ）。

    A. 在数据库表和自由表中，都能给字段定义有效性规则和默认值

    B. 在自由表中，能给表中的字段定义有效性规则和默认值

    C. 在数据库表中，能给表中的字段定义有效性规则和默认值

    D. 在数据库表和自由表中，都不能给字段定义有效性规则和默认值

21. 清除所有以 B 开头的内存变量的命令是（   ）。

    A. CLEAR MEMORY   B. RELEASE EXCEPT B*

    C. RELEASE ALL LIKE B*   D. FREE ALL LIKE B*

22. 对对象的 Click 事件的正确叙述是（　　）。
    A. 用鼠标双击对象时引发　　　　　　　B. 用鼠标单击对象时引发
    C. 用鼠标右键单击对象时引发　　　　　D. 用鼠标右键双击对象时引发

23. 下面是关于表单数据环境的叙述，其中错误的是（　　）。
    A. 可以在数据环境中加入与表单操作有关的表
    B. 数据环境是表单的容器
    C. 可以在数据环境中建立表之间的联系
    D. 表单运行时自动打开其数据环境中的表

24. 在 Visual FoxPro 数据库文件中，逻辑型、日期型、备注型的数据宽度分别是（　　）。
    A. 1，8，254　　　　　　　　　　　　B. 1，8，10
    C. 1，8，4　　　　　　　　　　　　　D. 1，8，4

25. 不允许记录中出现重复索引值的索引是（　　）。
    A. 主索引
    B. 主索引、候选索引、普通索引
    C. 主索引和候选索引
    D. 主索引、候选索引和惟一索引

26. 在下列 VFP 表达式中，运算结果为真的是（　　）。
    A. EMPTY（.NULL.）
    B. AT（"中华"，"中华人民共和国"）
    C. LIKE("ABC", "AB?")
    D. EMPTY(SPACE(10))

27. 下列表达式中，返回结果为.F.的表达式是（　　）。
    A. AT("A","BCD")
    B. "[信息]" $ "管理信息系统"
    C. ISNULL(.NULL.)
    D. SUBSTR("计算机技术",3,2)

28. 如果学生表 STUDENT 是使用下面的 SQL 语句创建的
    CREATE TABLE STUDENT(SNO C(4) PRIMARY KEY NOT NULL,;
    SN C(8), ;
    SEX C(2), ;
    AGE N(2) CHECK(AGE>15 AND AGE<30))
    下面的 SQL 语句中可以正确执行的是（　　）。
    A. INSERT INTO STUDENT(SNO,SEX,AGE) VALUES　("S9","男",17)
    B. INSERT INTO STUDENT(SN,SEX,AGE) VALUES　("李安琦","男",20)
    C. INSERT INTO STUDENT(SEX,AGE) VALUES　("男",20)
    D. INSERT INTO STUDENT(SNO,SN) VALUES　("S9","安琦",16)

29. 在 Visual FoxPro 中要建立一个与现有的数据库表具有相同结构和数据的新数据库表，应该使用（　　）命令。
    A. CRAETE
    B. APPEND

C. COPY   D. INSERT

30. 学生表中前 6 条记录均为男生，执行以下命令序列后，记录指针定位在（   ）。

    USE 学生

    GOTO 3

    LOCATE NEXT 3 FOR 性别="男"

    A. 第 3 条记录   B. 第 4 条记录

    C. 第 5 条记录   D. 第 6 条记录

31. 无论索引是否生效，定位到相同记录上的命令是（   ）。

    A. GO TOP   B. GO BOTTON

    C. GO 1   D. SKIP

32. 下列关于 SQL 中 HAVING 子句的描述，错误的是（   ）。

    A. HAVING 子句必须与 GROUP BY 子句同时使用

    B. HAVING 子句与 GROUP BY 子句无关

    C. 使用 WHERE 子句的同时可以使用 HAVING 子句

    D. 使用 HAVING 子句的作用是限定分组的条件

33. 下面对表单若干常用事件的描述中，正确的是（   ）。

    A. 释放表单时，Unload 事件在 Destroy 事件之前引发

    B. 运行表单时，Init 事件在 Load 事件之前引发

    C. 单击表单的标题栏，引发表单的 Click 事件

    D. 上面的说法都不对

34. 表达式 STUFF（″GOODBOY″，5，3，″GIRL″）的运算结果是（   ）。

    A. BOY   B. GOOD

    C. GIRL   D. GOODGIRL

35. 有 3 个表：TA、TB 和 TC。已建立了 TA→TB 的关联，欲再建立 TB→TC 的关联，以构成 TA→TB→TC 的关联，（   ）。

    A. 可以使用不带 ADDITIVE 短语的 SET RELATION 命令

    B. 必须使用带 ADDITIVE 短语的 SET RELATION 命令

    C. 在保持 TA→TB 关联的基础上不能再建立 TB→TC 的关联

    D. 在保持 TA→TB 关联的基础上不能再建立 TB→TC 的关联，但可以建立 TA→TC 的关联

二、填空题

请将每一个空的正确答案写在答题卡【1】～【15】序号的横线上，答在试卷上不得分。

1．算法的复杂度主要包括【1】复杂度和空间复杂度。

2．通常元素进栈的操作是【2】。

3．结构化程序设计的一种基本方法是【3】法。

4．通常，将软件产品从提出、实现、使用维护到停止使用退役的过程称为【4】。

5．排序是计算机程序设计中的一种重要操作，常见的排序方法有插入排序、【5】和选择排序等。

6．VFP 6.0 程序的基本构件是【6】，程序对它的操作可通过它的属性、事件、方法来完成。

7．执行命令 A=2005/4/2 之后，内存变量 A 的数据类型是【7】型。

8．为了从用户菜单返回到默认的系统菜单，应该使用命令 SET【8】TO DEFAULT。

9．"学生"表中有 9 个记录，执行下列操作以后屏幕最后显示的结果是【9】。
```
USE    学生
GO BOTTOM
SKIP
? RECNO（）
```

10．请对下面的程序填空：
```
***计算机乘法 XY.PRG***
SET TALK OFF
CLEAR
FOR J=1 TO 9
?STR(J,2)+')'
FOR【10】
??    【11】
ENDFOR
?
ENOFOR
RETURN
```

12. 在 Visual FoxPro 中，使用 SQL 的 CREATE TABLE 语句建立数据库表时，使用【12】子句说明主索引。

13. 在 Visual FoxPro 中为表单指定标题的属性是【13】。

14. 以下程序的功能是由键盘输入任意一个字符串，然后将其中的所有空格删除并显示该字符串。请填空。
```
ACCEPT "请输入一个字符串：" TO S
DO WHILE " " $ S
    S=STUFF(S, 【14】,1," " )
ENDDO
       ? S
```

15. 设有零件表 P.DBF，其记录如下：

PNO	PNAME	COLOR	WEIGHT
P1	PN1	红	12
P2	PN2	绿	1 8
P3	PN3	蓝	21
P4	PN4	红	13
P5	PN5	蓝	11
P6	PN6	红	15

请回答：下列程序运行后，在屏幕上显示的结果是【15】。
```
SET TALK OFF
SELECT 1
UPDATE P SET WEIGHT＝ WEIGHT－ 2 WHERE COLOR＝'蓝'
INSERT INTO P VALUES（'P7'，'PN7'，'红'，20）
SELECT PNO FROM P WHERE WEIGHT＝;
        （SELECT MAX（WEIGHT） FROM P）INTO CURSOR M_PNO
?  PNO
RETURN
```

第2套

一、选择题

下列各题 A、B、C、D 四个选项中，只有一个选项是正确的，请将正确选项涂写在答题卡相应位置上，答在试卷上不得分。

1. 以下（   ）特征不是面向对象思想中的主要特征。
   A. 多态
   B. 继承
   C. 封装
   D. 垃圾回收

2. 下列关于信息和数据的叙述不正确的是（   ）。
   A. 信息是数据的符号表示
   B. 信息是数据的内涵
   C. 信息是现实世界事物的存在方式或运动状态的反映
   D. 数据是描述现实世界事物的符号记录

3. 下列叙述中正确的是（   ）。
   A. 在面向对象的程序设计中，各个对象之间具有密切的联系
   B. 在面向对象的程序设计中，各个对象都是公用的
   C. 在面向对象的程序设计中，各个对象之间相对独立，相互依赖性小
   D. 上述三种说法都不对

4. 数据库的故障恢复一般是由（   ）。
   A. 数据流图完成的
   B. 数据字典完成的
   C. DBA 完成的
   D. PAD 图完成的

5. 对线性表进行二分法检索，其前提条件是（   ）。
   A. 线性表以顺序方式存储，并按关键码值排好序
   B. 线性表以顺序方式存储，并按关键码的检索频率排好序
   C. 线性表以链接方式存储，并按关键码值排好序
   D. 线性表以链接方式存储，并按关键码的检索频率排好序

6. 在结构化设计方法中生成的结构图（SC）中，带有箭头的连线表示（   ）
   A. 模块之间的调用关系
   B. 程序的组成成份
   C. 控制程序的执行顺序
   D. 数据的流向

7. 对于常数据成员，下面描述正确的是（　　）。

    A．常数据成员可以不初始化，并且不能更新

    B．常数据成员必须被初始化，并且不能更新

    C．常数据成员可以不初始化，并且可以被更新

    D．常数据成员必须被初始化，并且可以被更新

8. 在数据库系统中，是数据库中全体数据的逻辑结构和特征的描述的数据模式为（　　）。

    A．概念模式　　　　　　　　　　　　B．外模式

    C．内模式　　　　　　　　　　　　　D．物理模式

9. 数据库系统支持数据的逻辑独立性，依靠的是（　　）。

    A．DDL 语言和 DML 语言完全独立

    B．定义完整件约束条件

    C．数据库的三级模式结构

    D．模式分级及各级模式之间的映像机制

10. 数据库系统的基础是（　　）。

    A．数据库技术　　　　　　　　　　　B．数据库分析

    C．数据库开发　　　　　　　　　　　D．数据库管理系统

11. 以下关于空值（NULL）叙述正确的是（　　）。

    A．空值等同于空字符串　　　　　　　B．空值表示字段或变量还没有确定值

    C．VFP 不支持空值　　　　　　　　　D．空值等同于数值 0

12. 扩展名为 scx 的文件是（　　）。

    A．备注文件　　　　　　　　　　　　B．项目文件

    C．表单文件　　　　　　　　　　　　D．菜单文件

13. 查询订购单号（字符型，长度为 4）尾字符是"1"的错误命令是（　　）。

    A．SELECT * FROM 订单 WHERE　SUBSTR(订购单号,4)="1"

    B．SELECT * FROM 订单 WHERE　SUBSTR(订购单号,4,1)="1"

    C．SELECT * FROM 订单 WHERE　"1"$订购单号

    D．SELECT * FROM 订单 WHERE　RIGHT(订购单号,1)="1"

14. Visual FoxPro 系统中下面关于属性的说法，错误的是（　　）。

    A．属性功能属于某一个类，但是可以独立于类而存在

    B．属性是用来描述对象特征的参数

    C．派生一个新类时，新类将继承基类和父类的全部属性

    D．对象的属性可以在设计对象时定义，也可以在对象运行时定义

15. 在数据库中可以存放的文件是（　　　）。
    A. 数据库文件　　　　　　　　　　B. 数据库表文件
    C. 自由表文件　　　　　　　　　　D. 查询文件

16. 关系数据库中，在表之间建立永久性联系是通过连接两个表的字段来完成和体现的，这种连接是（　　　）。
    A. 子表中的主关键字与父表中的外部关键字连接
    B. 主表中的主关键字与子表中的外部关键字连接
    C. 主表中的普通关键字与子表中的外部关键字连接
    D. 主表中的唯一关键字与子表中的普通关键字连接

17. 在 Visual FoxPro 中，宏替换可以从变量中替换出（　　　）。
    A. 字符串　　　　　　　　　　　　B. 数值
    C. 命令　　　　　　　　　　　　　D. 以上三种都可能

18. 打开表并设置当前有效索引（相关索引已建立）的正确命令是（　　　）。
    A. ORDER student IN 2 INDEX 学号　　B. USE student IN 2 ORDER 学号
    C. INDEX 学号 ORDER student　　　　D. USE student IN 2

19. 当前目录下有数据库文件 QL.DBF，要将其转变为文本文件的正确操作是（　　　）。
    A. USE QL
       COPY FROM QL DELIMITED
    B. USE QL
       COPY TO QL TYPE DELIMITED
    C. USE QL
       COPY STRU TO QL
    D. USE QL
       COPY FILES TO QL TYPE DELMITED

20. SELECT-SQL 语句中，条件短语的关键字是（　　　）。
    A. FOR　　　　　　　　　　　　　B. FROM
    C. WHERE　　　　　　　　　　　　D. WITH

21. 要为商品表的所有商品降低 10 元定价，正确的 SQL 命令是（　　　）。
    A. UPDATE 商品 SET 定价 WITH 定价-10
    B. UPDATE 定价＝定价-10 FOR 商品
    C. UPDATE 定价 WITH 定价-10 FOR 商品
    D. UPDATE 商品 SET 定价＝定价-10

22. SQL 的数据操作语句不包括（　　　）。

A. INSERT   B. UPDATE

C. DELETE   D. CHANGE

23. 有关连编应用程序，下面的描述正确的是（   ）。

     A. 项目连编以后应将主文件视作只读文件

     B. 一个项目中可以有多个主文件

     C. 数据库文件可以被指定为主文件

     D. 在项目管理器中文件名左侧带有符号 ∅ 的文件在项目连编以后是只读文件

24. 在 Visual FoxPro 中，执行 STORE ″05\12/98″ to X 命令后，函数 CTOD（X）返回值的数据类型为（   ）。

     A. 数值型   B. 字符型

     C. 日期型   D. 浮点型

25. 下列关于创建报表的方法中，错误的是（   ）。

     A. 使用报表设计器可以创建自定义报表

     B. 使用报表向导可以创建报表

     C. 使用快速报表可以创建简单规范的报表

     D. 利用报表向导创建的报表是快速报表

26. 设有变量 PI=3.1415926，执行命令?ROUND(PI，3)后屏幕显示结果是（   ）。

     A. 3.14   B. 3.142

     C. 3.140   D. 3.0

27. 以下所列各项属于命令按钮事件的是（   ）。

     A. Parent   B. This

     C. ThisForm   D. Click

28. 如果菜单项的名称为"统计"，热键是 T，在菜单名称一栏中应输入（   ）。

     A. 统计(\<T)   B. 统计(Ctrl+T)

     C. 统计(Alt+T)   D. 统计(T)

29. 执行下面的程序时，从键盘上输入 A 的值一定是数值型，则程序输出结果是（   ）。

INPUT TO A

IF A=10

   S=0

ENDIF

S=1

? S

     A. 1   B. 0

C. 由 A 的值决定   D. 程序出错

30. 检索尚未确定的供应商的订单号，正确的命令是（   ）。
    A. SELECT * FROM 订购单 WHERE 供应商号 NULL
    B. SELECT * FROM 订购单 WHERE 供应商号＝NULL
    C. SELECT * FROM 订购单 WHERE 供应商号 IS NULL
    D. SELECT * FROM 订购单 WHERE 供应商号 IS NOT NULL

以下 31-35 题使用数据：

仓库表

仓库号	城市	面积
WH1	北京	370
WH2	上海	520
WH3	广州	200
WH4	武汉	400

职工表

仓库号	职工号	工资
WH2	E1	1220
WH1	E3	1210
WH2	E4	1250
WH3	E6	1230
WH1	E7	1250

31. 如下 SQL 语句
    SELECT * FROM 职工 ORDER BY 工资 DESC
    查询结果的第一条纪录的工资字段值是（   ）。
    A. 1210   B. 1220
    C. 1230   D. 1250

32. 如下 SQL 语句
    SELECT 仓库号，MAX（工资）FROM 职工 GROUP BY 仓库号
    查询结果有几条记录（   ）。
    A. 0   B. 1
    C. 3   D. 5

33. 找出在仓库面积大于 500 的仓库中工作的职工号，以及这些职工工作所有的城市，正确的命令是（   ）。
    A. SELECT 职工号，城市 FROM 职工；

WHERE（面积＞500）OR（职工.仓库号＝仓库.仓库号）
- B. SELECT 职工号，城市 FROM 职工；

  WHERE（面积＞500）AND（职工.仓库号＝仓库.仓库号）
- C. SELECT 职工号，城市 FROM 仓库，职工；

  WHERE（面积＞500）OR（职工.仓库号＝仓库.仓库号）
- D. SELECT 职工号，城市 FROM 仓库，职工；

  WHERE（面积＞500）AND（职工.仓库号＝仓库.仓库号）

34. 利用 SQL 语句，检索仓库中至少有一名职工的仓库信息，正确的命令是（   ）。
- A. SELECT * FROM 仓库表，WHERE IN；

  （SELECT 仓库号 FROM 职工表）
- B. SELECT * FROM 仓库表 WHERE NOT IN；

  （SELECT 仓库号 FROM 职工表）
- C. SELECT * FROM 仓库表 WHERE 仓库号 EXISTS；

  （SELECT * FROM 职工表 WHERE 仓库号＝仓库表.仓库号）
- D. SELECT * FROM 仓库表 WHERE EXISTS；

  （SELECT * FROM 职工表 WHERE 仓库号＝仓库表.仓库号）

35. 如下 SQL 语句

SELECT 城市 FROM 仓库 WHERE 仓库号 IN；

（SELEC 仓库号 FROM 职工 WHERE 工资＝1250）

的查询结果是（   ）。
- A. 北京、上海
- B. 上海、广州
- C. 北京、广州
- D. 上海、武汉

二、填空题

请将每一个空的正确答案写在答题卡【1】～【15】序号的横线上，答在试卷上不得分。

1. 若某二叉树中度为 2 的结点有 18 个，则该二叉树中有【1】个叶子结点。

2. 在算法的 5 个特性中，算法必须能在执行有限个步骤之后终止指的是算法的【2】性。

3. 在面向对象方法中，允许作用于某个对象上的操作称为【3】。

4. 在调用一个函数的过程中可以直接或间接地调用该函数，这种调用称为【4】调用，该函数称为【4】函数。

5. 一个类可以从直接或间接的祖先中继承所有属性和方法。采用这个方法提高了软件的【5】。

6. 表达式{^2005-10-3 10:0:0}-{^2005-10-3 9:0:0}的数据类型是【6】。

7. 在 Visual FoxPro 中，参照完整性规则包括更新规则、删除规则和【7】规则。

8. VFP 提供了大量的辅助设计工具，使用它们可以加快应用程序的开发，提高工作效率。这些辅助设计工具可分为 3 大类，即向导、设计器和【8】。

9. 当内存变量与当前表中的字段名同名时，系统则访问字段变量而放弃内存变量。若要访问内存变量学号，则必须将其写成【9】形式。

10. 用 DIMENSION 命令定义数组后，各数组元素在赋值前的数据类型是【10】。

11. SQL 支持集合的并运算，运算符是【11】。

12. 在 Visual FoxPro 中，运行当前文件夹下的表单 T 1.SCX 的命令是【12】 。

13. VFP 6.0 的用户界面由【13】个部分组成。

14. 有如下 SQL 语句：
SELECT 读者.姓名, 读者.职称, 图书.书名, 借阅.借书日期;
FROM 图书管理!读者, 图书管理!借阅, 图书管理!图书;
WHERE 借阅.借书证号=读者.借书证号 AND 图书.总编号=借阅.总编号
其中 WHERE 子句中的"借阅.借书证号=读者.借书证号"对应的关系操作是【14】。

15. 在 Visual FoxPro 环境下，执行下列命令后打开的数据表文件是【15】。
Y1="3"
Y2="RSDA"+Y1
USE &Y2

第 3 套

一、选择题

下列各题 A、B、C、D 四个选项中，只有一个选项是正确的，请将正确选项涂写在答题卡相应位置上，答在试卷上不得分。

1. 下列叙述中正确的是（   ）。
   A. 数据的逻辑结构与存储结构必定一一对应
   B. 由于计算机存储空间是向量式的存储结构，因此，数据的存储结构一定是线性结构
   C. 程序设计语言中的数组一般是顺序存储结构，因此，利用数组只能处理线性结构
   D. 以上三种说法都不对

2. 数据库管理系统是位于用户与操作系统之间的一个数据管理软件，以下不是它的基本功能的是（   ）。
   A. 数据共享功能
   B. 数据定义功能
   C. 数据操纵功能
   D. 数据库的运行管理与控制功能

3. 一个函数带有参数说明时，则参数的默认值应该在（   ）中给出。
   A. 函数定义
   B. 函数声明
   C. 函数定义或声明
   D. 函数调用

4. 下列叙述中，不属于软件需求规格说明书的作用的是（   ）。
   A. 便于用户、开发人员进行理解和交流
   B. 反映出用户问题的结构，可以作为软件开发工作的基础和依据
   C. 作为确认测试和验收的依据
   D. 便于开发人员进行需求分析

5. 软件详细设计的主要任务是确定每个模块的（   ）。
   A. 算法和使用的数据结构
   B. 外部接口
   C. 功能
   D. 编程

6. 在软件设计中，不属于过程设计工具的是（   ）。
   A. PDL（过程设计语言）
   B. PAD 图
   C. N-S 图
   D. DFD 图

7. 下面不属于软件设计原则的是（   ）。

A. 抽象   B. 模块化

C. 自底向上   D. 信息隐蔽

8. 流程控制语句的基本控制结构有三种，不属于这一种结构的是（   ）。

     A. 顺序结构   B. 选择结构

     C. 循环结构   D. 计算结构

9. 程序的 3 种基本控制结构是（   ）。

     A. 过程、子过程和分程序   B. 顺序、选择和重复

     C. 递归、堆栈和队列   D. 调用、返回和转移

10. 若某二叉树的前序遍历访问顺序是 abdgcefh，中序遍历访问顺序是 dgbaechf，则其后序遍历的结点访问顺序是（   ）。

     A. bdgcefha   B. gdbecfha

     C. bdgaechf   D. gdbehfca

11. 下列程序段执行以后，内存变量 A 和 B 的值是（   ）。

```
CLEAR
A=10
B=20
SET UDFPARMS TO REFERENCE
DO SQ WITH (A),B    &&参数 A 是值传送，B 是引用传送
?A,B
PROCEDURE SQ
PARAMETERS X1,Y1
    X1=X1*X1
    Y1=2*X1
ENDPROC
```

     A. 10   200   B. 100   200

     C. 100   20   D. 10   20

12. 下面关于运行应用程序的说法正确的是（   ）。

     A. 应用程序文件（.app）只能在 Visual FoxPro 环境下运行

     B. 应用程序文件（.app）既能在 Visual FoxPro 环境下运行又能在 Windows 环境下运行

     C. 可执行文件（.exe）只能在 Visual FoxPro 环境下运行

     D. 可执行文件（.exe）只能在 Windows 环境下运行

13. 查询订购单号首字符是 "P" 的订单信息，应该使用命令（   ）。

     A. SELECT * FROM 订单 WHERE HEAD(订购单号,1)="P"

     B. SELECT * FROM 订单 WHERE LEFT(订购单号,1)="P"

C. SELECT * FROM 订单 WHERE "P"$订购单号

D. SELECT * FROM 订单 WHERE RIGHT(订购单号,1)="P"

14. 索引文件打开后，下列命令中不受索引影响的是（   ）。

  A. GOTO 50   B. LIST

  C. SKIP   D. LOCATE

15. 设 A=23，B=20，M="A+B"，执行命令？&M+20 后，屏幕显示的结果是（   ）。

  A. 232020   B. A+B+20

  C. 63   D. 出错信息

16. 扩展名为 pjx 的文件是（   ）。

  A. 数据库表文件   B. 表单文件

  C. 数据库文件   D. 项目文件

17. 执行以下命令后，屏幕上将显示（   ）。

  M=[28+2]

  ? M

  A. 28+2   B. 30

  C. 30.00   D. [28+2]

18. 使数据库表变为自由表的命令是（   ）。

  A. DROP TABLE   B. REMOVE TABLE

  C. FREE TABLE   D. RELEASE TABLE

19. 参照完整性规则包括更新规则、删除规则和插入规则。删除规则中选择"级联"的含义是：当删除父表中的记录时（   ）。

  A. 系统自动备份父表中被删除记录到一个新表

  B. 若子表中有相关记录，则禁止删除父表中记录

  C. 会自动删除子表中所有相关记录

  D. 不做参照完整性检查删除父表记录与子表无关

20. 数据处理的最小单位是（   ）。

  A. 数据   B. 数据元素

  C. 数据项   D. 数据结构

21. 在 Visual FoxPro 中，以下叙述正确的是（   ）。

  A. 关系也被称作表单   B. 数据库文件不存储用户数据

  C. 表文件的扩展名是.DBF   D. 多个表存储在一个物理文件中

22. 函数 IIF（LEN（SPACE（3））>3，1，-1）的值为（　　　）。

    A．.T.　　　　　　　　　　　　　　　　B．.F.

    C．1　　　　　　　　　　　　　　　　　D．–1

23. 以下关于关系的说法正确的是（　　　）。

    A．列的次序非常重要　　　　　　　　　B．当需要索引时列的次序非常重要

    C．列的次序无关紧要　　　　　　　　　D．关键字必须指定为第一列

24. 执行下面的命令后，函数 EOF( )的值一定为.T.的是（　　　）。

    A．LIST NEXT 10

    B．SUM 基本工资 TO JH WHILE 性别="女"

    C．DISP FOR 基本工资>800

    D．REPL 基本工资 WITH 基本工资+120

25. 在 Visual FoxPro 中，运行表单 T1.SCX 的命令是（　　　）。

    A．DO T1　　　　　　　　　　　　　　B．RUN FORM T1

    C．DO FORM T1　　　　　　　　　　　　D．DO FROM T1

26~34 使用的数据表如下：

当前盘当前目录下有数据库：大奖赛.dbc，其中有数据库表"歌手.dbf"、"评分.dbf"。

"歌手"表：

歌手号	姓名
1001	王蓉
2001	许巍
3001	周杰伦
4001	林俊杰
…	

"评分"表：

歌手号	分数	评委号
1001	9.8	101
1001	9.6	102
1001	9.7	103
1001	9.8	104
…		

26. 为"歌手"表增加一个字段"最后得分"的 SQL 语句是（　　　）。

    A．ALTER TABLE 歌手 ADD 最后得分 F(6,2)

B. ALTER DBF 歌手 ADD 最后得分 F 6,2

C. CHANGE TABLE 歌手 ADD 最后得分 F(6,2)

D. CHANGE TABLE 歌手 INSERT 最后得分 F 6,2

27. 插入一条记录到"评分"表中，歌手号、分数和评委号分别是"1001"、9.9 和"105"，正确的 SQL 语句是（　　）。

A. INSERT VALUES("1001",9.9,"105") INTO 评分(歌手号,分数,评委号)

B. INSERT TO 评分(歌手号,分数,评委号) VALUES("1001",9.9,"105")

C. INSERT INTO 评分(歌手号,分数,评委号) VALUES("1001",9.9,"105")

D. INSERT VALUES("1001",9.9,"105") TO 评分(歌手号,分数,评委号)

28. 假设每个歌手的"最后得分"的计算方法是：去掉一个最高分和一个最低分，取剩下分数的平均分。根据"评分"表求每个歌手的"最后得分"并存储于表 TEMP 中，表 TEMP 中有两个字段："歌手号"和"最后得分"，并且按最后得分降序排列，生成表 TEMP 的 SQL 语句是（　　）。

A. SELECT 歌手号, (COUNT(分数)-MAX(分数)-MIN(分数))/(SUM(*)-2) 最后得分;
   FROM 评分 INTO DBF TEMP GROUP BY 歌手号 ORDER BY 最后得分 DESC

B. SELECT 歌手号, (COUNT(分数)-MAX(分数)-MIN(分数))/(SUM(*)-2) 最后得分;
   FROM 评分 INTO DBF TEMP GROUP BY 评委号 ORDER BY 最后得分 DESC

C. SELECT 歌手号, (SUM (分数)-MAX(分数)-MIN(分数))/(COUNT (*)-2) 最后得分;
   FROM 评分 INTO DBF TEMP GROUP BY 评委号 ORDER BY 最后得分 DESC

D. SELECT 歌手号, (SUM(分数)-MAX(分数)-MIN(分数))/(COUNT(*)-2) 最后得分;
   FROM 评分 INTO DBF TEMP GROUP BY 歌手号 ORDER BY 最后得分 DESC

29. 与 "SELECT * FROM 歌手 WHERE NOT(最后得分>9.00 OR 最后得分<8.00)" 等价的语句是（　　）。

A. SELECT * FROM 歌手 WHERE 最后得分 BETWEEN 9.00 AND 8.00

B. SELECT * FROM 歌手 WHERE 最后得分>=8.00 AND 最后得分<=9.00

C. SELECT * FROM 歌手 WHERE 最后得分>9.00 OR 最后得分<8.00

D. SELECT * FROM 歌手 WHERE 最后得分<=8.00 AND 最后得分>=9.00

30. 为"评分"表的"分数"字段添加有效性规则："分数必须大于等于 0 并且小于等于 10"，正确的 SQL 语句是（　　）。

A. CHANGE TABLE 评分 ALTER 分数 SET CHECK 分数>=0 AND 分数<=10

B. ALTER TABLE 评分 ALTER 分数 SET CHECK 分数>=0 AND 分数<=10

C. ALTER TABLE 评分 ALTER 分数 CHECK 分数>=0 AND 分数<=10

D. CHANGE TABLE 评分 ALTER 分数 SET CHECK 分数>=0 OR 分数<=10

31. 根据"歌手"表建立视图 myview，视图中含有包括了"歌手号"左边第一位是"1"的所有记录，正确的 SQL 语句是（　　）。

A. CREATE VIEW myview AS SELECT * FROM 歌手 WHERE LEFT(歌手号,1)="1"

B. CREATE VIEW myview AS SELECT * FROM 歌手 WHERE LIKE("1",歌手号)

C. CREATE VIEW myview SELECT * FROM 歌手 WHERE LEFT(歌手号,1)="1"

D. CREATE VIEW myview SELECT * FROM 歌手 WHERE LIKE("1",歌手号)

32. 删除视图 myview 的命令是（　　）。

    A. DELETE myview VIEW   B. DELETE myview

    C. DROP myview VIEW   D. DROP VIEW myview

33. 假设 temp.dbf 数据表中有两个字段"歌手号"和"最后得分"。下面程序段的功能是：将 temp.dbf 中歌手的"最后得分"填入"歌手"表对应歌手的"最后得分"字段中（假设已增加了该字段）。在下划线处应该填写的 SQL 语句是（　　）。

    USE 歌手

    DO WHILE .NOT. EOF()

        _____

        REPLACE 歌手.最后得分 WITH a[2]

        SKIP

    ENDDO

    A. SELECT * FROM temp WHERE temp.歌手号=歌手.歌手号 TO ARRAY a

    B. SELECT * FROM temp WHERE temp.歌手号=歌手.歌手号 INTO ARRAY a

    C. SELECT * FROM temp WHERE temp.歌手号=歌手.歌手号 TO FILE a

    D. SELECT * FROM temp WHERE temp.歌手号=歌手.歌手号 INTO FILE a

34. 与"SELECT DISTINCT 歌手号 FROM 歌手 WHERE 最后得分>=ALL;
(SELECT 最后得分 FROM 歌手 WHERE SUBSTR(歌手号,1,1)="2")"等价的 SQL 语句是（　　）。

    A. SELECT DISTINCT 歌手号 FROM 歌手 WHERE 最后得分>=;
      (SELECT MAX(最后得分) FROM 歌手 WHERE SUBSTR(歌手号,1,1)="2")

    B. SELECT DISTINCT 歌手号 FROM 歌手 WHERE 最后得分>= ;
      (SELECT MIN(最后得分) FROM 歌手 WHERE SUBSTR(歌手号,1,1)="2")

    C. SELECT DISTINCT 歌手号 FROM 歌手 WHERE 最后得分>= ANY;
      (SELECT 最后得分 FROM 歌手 WHERE SUBSTR(歌手号,1,1)="2")

    D. SELECT DISTINCT 歌手号 FROM 歌手 WHERE 最后得分>= SOME ;
      (SELECT 最后得分 FROM 歌手 WHERE SUBSTR(歌手号,1,1)="2")

35. 如果要为控件设置焦点，则下列属性值是真（.T.）的是（　　）。

    A. Enabled 和 Default   B. Enabled 和 Visible

    C. Default 和 Cancel   D. Visible 和 Default

二、填空题

请将每一个空的正确答案写在答题卡【1】～【15】序号的横线上，答在试卷上不得分。

1. 数据管理技术发展过程经过人工管理、文件系统和数据库系统三个阶段，其中数据独立性最高的阶段是【1】。

2. 在面向对象方法中，属性与操作相似的一组对象称为【2】。

3. 算法的基本特征是可行性、确定性、【3】和拥有足够的情报。

4. 静态联编所支持的多态性称为编译时的多态性，动态联编所支持的多态性则称为运行时的多态性，动态多态性由【4】来支持。

5. 长度为 n 的顺序存储线性表中，当在任何位置上插入一个元素概率都相等时，插入一个元素所需移动元素的平均个数为【5】。

6. 表达式 LEN(SPACE(6) – SPACE(5))的值是【6】。

7. 在"属性窗口"中，有些属性的默认值在列表框中以斜体显示，其含义是【7】。

8. 不带条件的 DELETE 命令（非 SQL 命令）将删除指定表的【8】记录。

9. 执行下列语句后的结果是【9】。
   DIMENSION A(50)
   STORE 12 TO A(20)
   STORE .NULL. TO A(20)
   ?TYPE("A(20)")

10. 表示"1962 年 10 月 27 日"的日期常量应该写为【10】。

11. 执行下列命令后，所打开的表文件名是【11】。
    n='6'
    km='chj'+n
    USE &km

12. 要求按成绩降序排序，输出"文学系"学生选修了"计算机"课程的学生姓名和成绩。请将下面的 SQL 语句填写完整。
    SELECT 姓名, 成绩 FROM 学生表, 选课表;
    WHERE　【12】　;

ORDER BY 成绩 DESC

13. 在表单设计器中可以通过【13】工具栏中的工具快速对齐表单中的控件。

14. 如果在不使用索引的情况下，将记录指针定为学生表中成绩大于 60 分记录，应该使用的命令是【14】。

15. 要将一个弹出式菜单作为某个控件的快捷菜单，通常是在该控件的【15】事件代码中添加调用弹出式菜单程序的命令。

第4套

一、选择题

下列各题 A、B、C、D 四个选项中，只有一个选项是正确的，请将正确选项涂写在答题卡相应位置上，答在试卷上不得分。

1. 下列选项中不属于结构化程序设计方法的是（　　）。
   - A. 自顶向下
   - B. 逐步求精
   - C. 模块化
   - D. 可复用

2. 在深度为 5 的满二叉树中，叶子结点的个数为（　　）。
   - A. 31
   - B. 32
   - C. 16
   - D. 15

3. 结构化程序设计方法的 3 种基本控制结构中不包括（　　）。
   - A. 循环结构
   - B. 递归结构
   - C. 顺序结构
   - D. 选择结构

4. （　　）使一个函数可以定义成对许多不同数据类型完成同一个任务。
   - A. 函数模板
   - B. 重载函数
   - C. 递归函数
   - D. 模板函数

5. 以下不属于数据库系统模型的是（　　）。
   - A. 选择型数据库系统
   - B. 关系型数据库系统
   - C. 层次型数据库系统
   - D. 网状型数据库系统

6. 数据库系统与文件系统的最主要区别是（　　）。
   - A. 数据库系统复杂，而文件系统简单
   - B. 文件系统不能解决数据冗余和数据独立性问题，而数据库系统可以解决
   - C. 文件系统只能管理程序文件，而数据库系统能够管理各种类型的文件
   - D. 文件系统管理的数据量较少，而数据库系统可以管理庞大的数据量

7. 按照"后进先出"原则组织数据的数据结构是（　　）。
   - A. 队列
   - B. 栈
   - C. 双向链表
   - D. 二叉树

8. 软件需求分析阶段的工作，可以分为四个方面：需求获取，需求分析，编写需求规格说明书，以及（　　　）。

    A. 阶段性报告　　　　　　　　　　B. 需求评审

    C. 总结　　　　　　　　　　　　　D. 都不正确

9. 已知数据表 A 中每个元素距其最终位置不远，为节省时间，应采用的算法是（　　　）。

    A. 堆排序　　　　　　　　　　　　B. 直接插入排序

    C. 快速排序　　　　　　　　　　　D. 直接选择排序

10. 树是结点的集合，它的根结点数目是（　　　）。

    A. 有且只有 1　　　　　　　　　　B. 1 或多于 1

    C. 0 或 1　　　　　　　　　　　　D. 至少 2

    11~13 题使用下图，表单名为 Form1，表单中有两个命令按钮（Command1 和 Command2）、两个标签、两个文本框（Text1 和 Text2）。

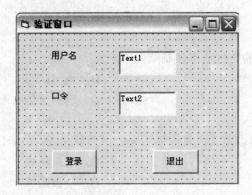

11. 如果在运行表单时，要使表单的标题栏显示"登录窗口"，则可以在 Form1 的 Load 事件中加入语句（　　　）。

    A. THISFORM.CAPTION="登录窗口"

    B. FORM1.CAPTION="登录窗口"

    C. THISFORM.NAME="登录窗口"

    D. FORM1.NAME="登录窗口"

12. 如果想在运行表单时，向 Text2 中输入字符，回显字符显示的是"*"号，则可以在 Form1 的 Init 事件中加入语句（　　　）。

    A. FORM1.TEXT2.PASSWORDCHAR="*"

    B. FORM1.TEXT2.PASSWORD="*"

    C. THISFORM.TEXT2.PASSWORD="*"

    D. THISFORM.TEXT2.PASSWORDCHAR="*"

13. 假设用户名和口令存储在自由表"口令表"中，当用户输入用户名和口令并单击"登录"按钮时，若用户名输入错误，则提示"用户名错误"；若用户名输入正确，而口令输入错误，则提示"口令错误"。若命令按钮"登录"的 Click 事件中的代码如下：

```
USE  口令表
GO TOP
flag=0
DO WHILE.not.EOF()
   IF Alltrim(用户名)==Alltrim(Thisform.Text1.Value)
      IF Alltrim(口令)==Alltrim(Thisform.Text2.Value)
          WAIT"欢迎使用" WINDOW TIMEOUT2
      ELSE
          WAIT"口令错误" WINDOW TIMEOUT2
      ENDIF
      flag=1
      EXIT
   ENDIF
   SKIP
ENDDO
IF_____
   WAIT"用户名错误" WINDOW TIMEOUT2
ENDIF
```

则在横线处应填写的代码是（   ）。

A. flag=-1   B. flag=0

C. flag=1   D. flag=2

14. 为顶层菜单添加下拉式菜单，定义菜单时的正确做法是（   ）。
   A. 在"菜单设计器"环境下，选择 Visual FoxPro 系统条形菜单的"显示"项中的"菜单选项"命令，然后在"菜单选项"对话框中，选中"顶层表单"复选框。
   B. 在"菜单设计器"环境下，选择 Visual FoxPro 系统条形菜单的"显示"项中的"常规选项"命令，然后在"常规选项"对话框中，选中"顶层表单"复选框。
   C. 在"菜单设计器"环境下，选择 Visual FoxPro 系统条形菜单的"菜单"项中的"菜单选项"命令，然后在"菜单选项"对话框中，选中"顶层表单"复选框。
   D. 在"菜单设计器"环境下，选择 Visual FoxPro 系统条形菜单的"菜单"项中的"常规选项"命令，然后在"常规选项"对话框中，选中"顶层表单"复选框。

15. "项目管理器"的"运行"按钮用于执行选定的文件，这些文件可以是
   A. 查询、视图或表单   B. 表单、报表和标签
   C. 查询、表单或程序   D. 以上文件都可以

16. 以下修改数据表结构正确的命令是（   ）。

A. EDIT
B. CHANGE
C. BROWSE
D. MODI STRU

17. 在 SQL 语句中，与表达式"仓库号 NOT IN("wh1","wh2")"功能相同的表达式是（　　）。
    A. 仓库号="wh1" AND 仓库号="wh2"
    B. 仓库号!="wh1" OR 仓库号="wh2"
    C. 仓库号<>"wh1" OR 仓库号!="wh2"
    D. 仓库号!="wh1" AND 仓库号!="wh2"

18. 如果地执行了? PARTS 和? M->PARTS 这两条命令且显示结果不同。说明了（　　）。
    A. 前一个 PARTS 是内存变量，后一个 PARTS 是字段变量
    B. 前一个 PARTS 是字段变量，后一个 PARTS 是内存变量
    C. 两个 PARTS 都是内存变量
    D. 两个 PARTS 都是字段变量

19. 关于视图的操作，错误的说法是（　　）。
    A. 利用视图可以实现多表查询
    B. 视图可以产生表文件
    C. 利用视图可以更新源表的数据
    D. 视图可以作为查询的数据源

20. 下面关于类、对象、属性和方法的叙述中，错误的是（　　）。
    A. 类是对一类相似对象的描述，这些对象具有相同种类的属性和方法
    B. 属性用于描述对象的状态，方法用于表示对象的行为
    C. 基于同一个类产生的两个对象可以分别设置自己的属性值
    D. 通过执行不同对象的同名方法，其结果必然是相同的

21. 在下列函数中，函数值为数值的是（　　）。
    A. AT('人民', '中华人民共和国')
    B. CTOD('01/01/03')
    C. SUBSTR(DTOC(DATE( )), 7)
    D. BOF( )

22. 在 Visual FoxPro 中有如下程序：
    *程序名:TEST.PRG
    *调用方法: DO TEST
    SET TALK OFF
    CLOSE ALL
    CLEAR ALL
    mX="Visual FoxPro"
    mY="二级"
    DO SUB1 WITH mX
    ?mY+mX
    RETURN
    *子程序:SUB1.PRG
    PROCEDURE SUB1

```
PARAMETERS mX1
LOCAL mX
mX=" Visual FoxPro DBMS 考试"
mY="计算机等级"+mY
RETURN
```

执行命令 DO TEST 后，屏幕的显示结果为（　　　）。

A. 二级 Visual FoxPro

B. 计算机等级二级 Visual FoxPro DBMS 考试

C. 二级 Visual FoxPro DBMS 考试

D. 计算机等级二级 Visual FoxPro

23. INSERT—SQL 语句可以（　　　）。

A. 在表尾插入 1 条记录　　　　　　　B. 在表头插入 1 条记录

C. 在表中插入多条记录　　　　　　　D. 在表中任何位置插入 1 条记录

24. 执行 STORE "111" TO A 之后，再执行? "222"+A 的结果是（　　　）。

A. 222&&A　　　　　　　　　　　　B. 333

C. 222111　　　　　　　　　　　　　D. 出错信息

25. 当前打开的图书表中有字符型字段"图书号"，要求将图书号以字母 A 开头的图书记录全部打上删除标记，通常可以使用命令（　　　）。

A. DELETE FOR 图书号="A"　　　　　B. DELETE WHILE 图书号="A"

C. DELETE FOR 图书号="A*"　　　　　D. DELETE FOR 图书号 LIKE "A%"

26. 对两个表之间的关系的描述正确的是（　　　）。

A. 在一对一关系中，如果两个表有相同的主题，可在两个表中使用同样的主关键字字段，并以此建立一对一关系

B. 一对一关系中，如果两个表有不同的主题及不同的主关键字，选择一个表（任意一个表）把它的主关键字放到另一个表中作为外部关键字

C. 在一对多关系中，"一方"用主关键字或候选索引关键字，而"多方"使用普通索引关键字

D. 以上 3 项都对

27. 以下叙述与表单数据环境有关，其中正确的是（　　　）。

A. 当表单运行时，数据环境中的表处于只读状态，只能显示不能修改

B. 当表单关闭时，不能自动关闭数据环境中的表

C. 当表单运行时，自动打开数据环境中的表

D. 当表单运行时，与数据环境中的表无关

28. 使用 DO mymenu.mpr WITH THIS，"xxx。"语句调用快捷菜单，在定义快捷菜单的"设

置"代码时，PARAMETER＜参数表＞语句中参数的个数是（   ）。

A. 0

B. 1

C. 2

D. 3

29. SQL 语句中修改表结构的命令是（   ）。

A. ALTER TABLE

B. MODIFY TABLE

C. ALTER STRUCTURE

D. MODIFY STRUCTURE

30. 在当前表中，查找第 2 个女老师的记录，应使用命令（   ）。

A. LOCATE　性别="女"

B. LOCATE　FOR　性别="女"NEXT　2

C. LOCATE　FOR　性别="女"
    CONTINUE

D. LIST　FOR　性别="女"

31. 一条没有指明去向的 SQL SELECT 语句执行之后，会把查询结果显示在屏幕上，要退出这个查询窗口，应该按的键是（   ）。

A. ALT

B. DELETE

C. ESC

D. RETURN

第 32～35 题使用如下的仓库表和职工表

仓库表			职工表	
仓库号	所在城市	职工号	仓库号	工资
A2	上海	M1	A1	2000.00
A3	天津	M3	A3	2500.00
A4	广州	M4	A4	1800.00
		M5	A2	1500.00
		M6	A4	1200.00

32. 检索在广州仓库工作的职工记录，要求显示职工号和工资字段，正确的命令是（   ）。

A. SELECT 职工号，工资 FROM 职工表；
    WHERE 仓库表. 所在城市＝" 广州"

B. SELECT 职工号，工资 FROM 职工表；
    WHERE 仓库表. 仓库号＝职工表. 仓库号；
    AND 仓库表. 所在城市＝" 广州"

C. SELECT 职工号，工资 FROM 仓库表，职工表；
    WHERE 仓库表. 仓库号＝职工表. 仓库号；
    AND 仓库表. 所在城市＝" 广州"

D. SELECT 职工号，工资 FROM 仓库表，职工表；
    WHERE 仓库表. 仓库号＝职工表. 仓库号；
    OR 仓库表. 所在城市＝ " 广州"

33. 有如下 SQL 语句：

SELECT SUM（工资）FROM 职工表 WHERE 仓库号 IN；

（SELECT 仓库号 FROM 仓库表 WHERE 所在城市＝″北京″ OR 所在城市＝″上海″）

执行语句后，工资总和是（　　　）。

    A. 1500.00   B. 3000.00

    C. 5000.00   D. 10500.00

34. 求至少有两个职工的每个仓库的平均工资（　　　）。

    A. SELECT 仓库号，COUNT（　＊　），AVG（工资）FROM 职工表；

          HAVING COUNT（　＊　）＞＝2

    B. SELECT 仓库号，COUNT（　＊　），AVG（工资）FROM 职工表；

          GROUP BY 仓库号 HAVING COUNT（　＊　）＞＝2

    C. SELECT 仓库号，COUNT（　＊　），AVG（工资）FROM 职工表；

          GROUP BY 仓库号 SET COUNT（　＊　）＞＝2

    D. SELECL 仓库号，COUNT（　＊　），AVG（工资）FROM 职工表；

          GROUP BY 仓库号 WHERE COUNT（　＊　）＞＝2

35. 有如下 SQL 语句：

SELECT DISTINCT 仓库号 FROM 职工表 WHERE 工资＞＝ALL；

（SELECT 工资 FROM 职工表 WHERE 仓库号 ＝″A1″）

执行语句后，显示查询到的仓库号有（　　　）。

    A. A1   B. A3

    C. A1，A2   D. A1，A3

二、填空题

请将每一个空的正确答案写在答题卡【1】～【15】序号的横线上，答在试卷上不得分。

1. 测试的目的是暴露错误，评价程序的可靠性；而【1】的目的是发现错误的位置并改正错误。

2. 在面向对象方法中，【2】描述的是具有相似属性与操作的一组对象。

3. 需求分析最终结果是产生【3】。

4. 一个项目具有一个项目主管，一个项目主管可管理多个项目。则实体集"项目主管"与实体集"项目"的联系属于【4】的联系。

5. 【5】结构，也称为重复结构，即算法中有一组操作要求反复被执行。

6. 在 SCORE 表中插入一个新记录：9801 02 67

INSERT 【6】 SCORE（学号，课程号，成绩）VALUES（〞9801〞，〞02〞，67）

7. 可以为字段建立字段有效性规则的表是【7】。

8. 如果应用程序中的文件允许修改，应将该文件标为【8】。

9. 将学生表 STUDENT 中的学生年龄 (字段名是 AGE) 增加 1 岁，应该使用的 SQL 命令是 UPDATE STUDENT【9】 。

10. VFP 提供的 3 种逻辑运算符的优先顺序是【10】。

11. 方法是附属于对象的【11】和行为。

12. SQL SELECT 语句的功能是【12】。

13. 为了能够使命令？"BCD"="CD"，"CD"="BCD"两个表达式都得到同样的结果，要先设置字符串比较的状态，该命令是【13】。

14. 说明公共变量的命令关键字是【14】（关键字必须拼写完整）。

15. 内存变量文件的扩展名为.MEM，若将保存在 MM 内存变量文件中的内存变量读入内存，实现该功能的命令是【15】。

第 5 套

一、选择题

下列各题 A、B、C、D 四个选项中，只有一个选项是正确的，请将正确选项涂写在答题卡相应位置上，答在试卷上不得分。

1. 下面叙述正确的是（　　）。
   A. 算法的执行效率与数据的存储结构无关
   B. 算法的空间复杂度是指算法程序中指令（或语句）的条数
   C. 算法的有穷性是指算法必须能在执行有限个步骤之后终止
   D. 以上三种描述都不对

2. 下列叙述中正确的是（　　）。
   A. 线性表是线性结构　　　　　　　　　　B. 栈与队列是非线性结构
   C. 线性链表是非线性结构　　　　　　　　D. 二叉树是线性结构

3. 有关构造函数的说法不正确的是（　　）。
   A. 构造函数名字和类的名字一样　　　　　B. 构造函数在说明类变量时自动执行
   C. 构造函数无任何函数类型　　　　　　　D. 构造函数有且只有一个

4. 两个或两个以上模块之间关联的紧密程度称为（　　）。
   A. 耦合度　　　　　　　　　　　　　　　B. 内聚度
   C. 复杂度　　　　　　　　　　　　　　　D. 数据传输特性

5. 数据模型的三要素是（　　）。
   A. 外模式、概念模式和内模式　　　　　　B. 关系模型、网状模型、层次模型
   C. 实体、属性和联系　　　　　　　　　　D. 数据结构、数据操作和数据约束条件

6. 需求分析是（　　）。
   A. 软件开发工作的基础　　　　　　　　　B. 软件生存周期的开始
   C. 由系统分析员单独完成　　　　　　　　D. 由用户自己单独完成

7. 在软件开发中，下面任务不属于设计阶段的是（　　）。
   A. 数据结构设计　　　　　　　　　　　　B. 给出系统模块结构
   C. 定义模块算法　　　　　　　　　　　　D. 定义需求并建立系统模型

— 31 —

8. 下列关于数据库系统的叙述中正确的是（　　）。
   A. 数据库系统减少了数据冗余
   B. 数据库系统避免了一切冗余
   C. 数据库系统中数据的一致性是指数据类型一致
   D. 数据库系统比文件系统能管理更多的数据

9. 在结构化方法中，用数据流程图（DFD）作为描述工具的软件开发阶段是（　　）。
   A. 可行性分析　　　　　　　　　　　　B. 需求分析
   C. 详细设计　　　　　　　　　　　　　D. 程序编码

10. 下列选项中不属于软件生命周期定义时期任务的是（　　）。
   A. 可行性分析　　　　　　　　　　　　B. 概要设计
   C. 规格说明　　　　　　　　　　　　　D. 需求分析

11. 命令 SELECT　0 的功能是（　　）。
   A. 选择区号最小的空闲工作区　　　　　B. 选择区号最大的空闲工作区
   C. 选择 0 号工作区　　　　　　　　　　D. 随机选择工作区

12. 在表单设计器的属性窗口中设置表单或其他控件对象的属性时，以下叙述正确的是（　　）。
   A. 以斜体字显示的属性值是只读属性，不可以修改
   B. "全部"选项卡中包含了"数据"选项卡中的内容，但不包含"方法程序"选项卡中的内容
   C. 表单的属性描述了表单的行为
   D. 以上都正确

13. 在 Visual FoxPro 中，使用 SQL 命令将学生表 STUDENT 中的学生年龄 AGE 字段的值增加 1 岁，应该使用的命令是（　　）。
   A. REPLACE AGE WITH AGE+1
   B. UPDATE STUDENT AGE WITH AGE+1
   C. UPDATE SET AGE WITH AGE+1
   D. UPDATE STUDENT SET AGE=AGE+1

14. 在"项目管理器"下为项目建立一个新报表，应该使用的选项卡是（　　）。
   A. 数据　　　　　　　　　　　　　　　B. 文档
   C. 类　　　　　　　　　　　　　　　　D. 代码

15. 书写 SQL 语句时，若语句要占用多行，在行的末尾要加续行符（　　）。
   A. :　　　　　　　　　　　　　　　　　B. ;
   C. ,　　　　　　　　　　　　　　　　　D. "

16. 修改数据库结构的命令是（　　　）。
    A. EDIT　　　　　　　　　　　　　　B. CHANGE
    C. BROWSE　　　　　　　　　　　　D. MODI　STRU

17. ? STR(234.56, 5, 1) 命令的输出结果是（　　　）。
    A. 234.5　　　　　　　　　　　　　B. 234.6
    C. 234.60　　　　　　　　　　　　D. *****

18. 假定一个表单里有一个文本框 Text1 和一个命令按钮组 CommandGroup1，命令按钮组是一个容器对象，其中包含 Command1 和 Command2 两个命令按钮。如果要在 Command1 命令按钮的某个方法中访问文本框的 Value 属性值，下面（　　　）代码是正确的。
    A. ThisForm.Text1.Value　　　　　　B. This.Parent.Value
    C. Parent.Text1.Value　　　　　　　D. this.Parent.Text1.Value

19. 在 SQL SELECT 语句的 ORDER BY 短语中如果指定了多个字段，则（　　　）。
    A. 无法进行排序　　　　　　　　　　B. 只按第一个字段排序
    C. 按从左至右优先依次排序　　　　　D. 按字段排序优先级依次排序

20. 以下函数结果为"共和国"的是（　　　）。
    A. SUBS（"中华人民共和国"，5,3）
    B. SUBS（"中华人民共和国"，9,6）
    C. SUBS（"中华人民共和国"，9,3）
    D. SUBS（"中华人民共和国"，5,6）

21. 在运行表单时，下列有关表单事件引发次序的叙述正确的是（　　　）。
    A. Activate → Init → Load　　　　　　B. Load → Activate → Init
    C. Activate → Load → Init　　　　　　D. Load → Init → Activate

22. 要在程序中修改由 Myform=CreateObject("Form")语句创建的表单对象的 Caption 属性，下面语句中不能使用的是（　　　）。假定所创建表单对象的 Click 事件也可以修改其 Caption 属性。
    A. WITH　Myform　　　　　　　　　　B. MyForm.Click
       .Caption="信息查询"
       ENDWITH
    C. MyForm.Caption="信息查询"　　　　D. ThisForm.Caption="信息查询"

23. 假设表单上有一选项组：⊙男 ○女，其中第一个选项按钮"男"被选中。请问该选项组的 Value 属性值为（　　　）。
    A. .T.　　　　　　　　　　　　　　　B. "男"

C. 1   D. "男"或1

24. 在 Visual FoxPro 中，如果希望一个内存变量只限于在本过程中使用，说明这种内存变量的命令是（   ）。
    A. PRIVATE
    B. PUBLIC
    C. LOCAL
    D. 在程序中直接使用的内存变量（不通过 A，B，C 说明）

25. 下列关于域控件的说法，错误的是（   ）。
    A. 从数据环境设置器中，每拖放一个字段到报表设置器中就是一个域控件
    B. 域控件用于打印表或视图中的字段、变量和表达式的计算结果
    C. 域控件的"表达式生成器"对话框中的"表达式"文本框中必须要有数值表达式，否则将不能添加该域控件
    D. 如果域控件的"表达式生成器"对话框中的"表达式"文本框中没有数值表达式，可以在"格式"文本框中设置表达式添加该域控件

26. 在连编对话框中，下列不能生成的文件类型是（   ）。
    A. .DLL   B. .APP
    C. .PRG   D. .EXE

27. 当前数据库中有基本工资、奖金、津贴和工资总额字段，都是 N 型。要把职工的所有收入汇总后写入工资总额字段中，应使用的命令是（   ）。
    A. REPLACE ALL   工资总额   WITH   基本工资+奖金+津贴
    B. TOTAL ON   工资总额   FIELDS   基本工资，奖金，津贴
    C. REPLACE   工资总额   WITH   基本工资+奖金+津贴
    D. SUM   基本工资+奖金+津贴   TO   工资总额

28. 如果在命令窗口执行命令：LIST 名称，主窗口中显示：

记录号	名称
1	电视机
2	计算机
3	电话线
4	电冰箱
5	电线

假定名称字段为字符型、宽度为 6，那么下面程序段的输出结果是（   ）。
GO 2
SCAN   NEXT 4 FOR LEFT(名称,2)="电"

```
        IF RIGHT(名称,2)="线"
            EXIT
        ENDIF
ENDSCAN
? 名称
```
    A. 电话线　　　　　　　　　　　　B. 电线

    C. 电冰箱　　　　　　　　　　　　D. 电视机

29. Visual FoxPro 的报表文件.FRX 中保存的是（　　　）。

    A. 打印报表的预览格式　　　　　　B. 已经生成的完整报表

    C. 报表的格式和数据　　　　　　　D. 报表设计格式的定义

30. 如果一个 Visual FoxPro 数据表文件中有 100 条记录，当前记录号为 76，执行命令 SKIP30 之后，再执行命令? RECNO（），其结果是（　　　）。

    A. 100　　　　　　　　　　　　　B. 106

    C. 错误提示　　　　　　　　　　　D. 101

以下 31-35 选择题将用到下面的表：

"ORDER" 表：

定单号（C，6）	器件号（C，6）	器件名（C，6）	单价（N，10，2）	数量1
0001	C1	CPU	800.00	5
0002	C2	主板	1200.00	5
0003	C3	显示器	1300.00	6
0004	C1	CPU	800.00	4

31. 把表中"单价"字段的有效性规则取消，使用 SQL 语句（　　　）。

    A. ALTER TABLE ORDER ALTER 单价 DROP CHECK

    B. ALTER TABLE ORDER DELETE 单价 DROP CHECK

    C. ALTER TABLE ORDER DELETE CHECK 单价

    D. ALTER TABLE ORDER DROP CHECK 单价

32. 创建视图 LL，它包含定单号、器件号、器件名和总价字段，其中总价等于单价*数量，使用 SQL 命令是（　　　）。

    A. CREATE VIEW LL AS SELECT 定单号,器件号,器件名,单价*数量 AS 总价 FROM ORDER

    B. CREATE TABLE LL AS SELECT 定单号,器件号,器件名,单价*数量 AS 总价 FROM ORDER

    C. CREATE VIEW LL AS SELECT 定单号,器件号,器件名,单价*数量 FROM ORDER

D. CREATh VIEW LL AS SELECT 定单号，器件号，器件名，总价＝单价*数量 FROM ORDER

33. 按器件号分组，查询 ORDER 表中器件号至少出现在两个定单上的器件号和单价字段的信息，使用 SQL 语句（　　）。
    A. SELECT 器件号，单价 FROM ORDER GROUP BY 器件号 HAVING COUNT（*）＞＝2
    B. SELECT 器件号，单价 FROM ORDER ORDER BY 器件号 HAVING COUNT（*）＞＝2
    C. SELECT 器件号，单价 FROM ORDER GROUP BY 器件号 WHERE COUNT（*）＞＝2
    D. SELECT 器件号，单价 FROM ORDER ORDER BY 器件号 WHERE COUNT（*）＞＝2

34. 建立 ORDER 表的候选索引 LL，使用 SQL 语句（　　）。
    A. ALTER TABLE ORDER INDEX LL
    B. ALTER TABLE ORDER ADD UNIQUE TAG LL
    C. ALTER TABLE ORDER ALTER UNIQUE TAG LL
    D. ALTER TABLE ORDER DROP UNIQUE TAG LL

35. 删除 ORDER 表，使用 SQL 语句（　　）。
    A. DELETE TABLE ORDER
    B. DROP TABLE ORDER
    C. ALTER TABLE ORDER
    D. CREATE TABLE ORDER

二、填空题

请将每一个空的正确答案写在答题卡【1】～【15】序号的横线上，答在试卷上不得分。

1. 软件生命周期一般可分为这样几个阶段：问题定义、可行性研究、【1】、设计、编码、测试、运行和维护。

2. 在长度为 n 的有序线性表中进行二分查找。最坏的情况下，需要的比较次数为【2】。

3. 浮点数的默认精度值是【3】。

4. 在链表的运算过程中，能够使空表与非空表的运算统一的结构是【4】。

5. 关系数据库管理系统能实现的专门关系运算包括选择、连接和【5】。

6. 在 SQL SELECT 语句中将查询结果存放在一个表中应该使用【6】子句（关键字必须拼写完整）。

7. 在 Visual FoxPro 中，将只能在建立它的模块中使用的内存变量称为【7】。

8. 删除 COURSE 表中字段"学时数"，使用 SQL 语句：
   【8】TABLE COURSE DROP 学时数

9. 假定默认的磁盘和文件夹已经设置。在命令方式下，要执行程序 CX2.PRG 的命令是【9】。

10. 表达式 LEN(SPACE(3)-SPACE(2))的结果是【10】。

11. 为"学生"表增加一个"平均成绩"字段的正确命令是
    ALTER TABLE 学生 ADD【11】平均成绩 N(5,2)

12. 在 Visual FoxPro 中为了通过视图修改基本表中的数据，需要在视图设计器的【12】选项卡下设置有关属性。

    13～15 题使用如下的两个表

"教师"表

职工号	姓名	职称	年龄	工资	系号
11020001	肖大	副教授	35	2000.00	01
11020002	张健民	教授	40	3000.00	02
11020003	吴西雨	讲师	25	1500.00	01
11020004	张小	讲师	30	1500.00	03
11020005	李鹏	教授	34	2000.00	01
11020006	赵刚	教授	47	2100.00	02
11020007	刘辉	教授	49	2200.00	03

"学院"表

系号	系名
01	英语
02	会计
03	工商管理

13. 使用 SQL 语句将一条新的记录插入学院表。
    【13】INTO 学院 VALUES（″04″，″计算机″）

14. 使用 SQL 语句求"工商管理"系的所有职工的工资总和。

SELECT【14】（工资）　FROM　教师　WHERE　系号　IN
（SELECT　系号　FROM　学院　WHERE　系名＝″工商管理″）

15. 使用 SQL 语句完成如下操作：将所有教授的工资提高 5%。
UPDATE　教师　　　SET 工资＝工资*1.05【15】职称＝″教授″

第6套

一、选择题

下列各题 A、B、C、D 四个选项中，只有一个选项是正确的，请将正确选项涂写在答题卡相应位置上，答在试卷上不得分。

1. 数据的存储结构是指（　　）。
   A. 存储在外存中的数据
   B. 数据所占的存储空间量
   C. 数据在计算机中的顺序存储方式
   D. 数据的逻辑结构在计算机中的表示

2. 下列关于队列的叙述中正确的是（　　）。
   A. 在队列中只能插入数据
   B. 在队列中只能删除数据
   C. 队列是先进先出的线性表
   D. 队列是先进后出的线性表

3. 在数据结构中，从逻辑上可以把数据结构分成（　　）。
   A. 动态结构和静态结构
   B. 线性结构和非线性结构
   C. 集合结构和非集合结构
   D. 树状结构和图状结构

4. 循环链表的主要优点是（　　）。
   A. 不再需要头指针了
   B. 从表中任一结点出发都能访问到整个链表
   C. 在进行插入、删除运算时，能更好的保证链表不断开
   D. 已知某个结点的位置后，能够容易的找到它的直接前件

5. 数据库系统依赖于（　　）支持数据独立性。
   A. 具有封装机制
   B. 定义完整性约束条件
   C. 模式分级，各级模式之间的映射
   D. DDL 语言与 DML 语言互相独立

6. 设有关系 R 和 S，关系代数表达式为 R-（R-S）表示的是（　　）。
   A. R∩S
   B. R-S
   C. R∪S
   D. R÷S

7. 下列关于算法的叙述错误的是（　　）。
   A. 算法是为解决一个特定的问题而采取的特定的有限的步骤
   B. 算法是用于求解某个特定问题的一些指令的集合
   C. 算法是从计算机的操作角度对解题过程的抽象，是程序的核心

D. 算法是从如何组织处理操作对象的角度进行抽象

8. 在关系数据库中，用来表示实体之间联系的是（　　）。
   A. 树结构　　　　　　　　　　　　　　B. 网结构
   C. 线性表　　　　　　　　　　　　　　D. 二维表

9. 在数据库管理系统提供的数据功能中，负责多用户环境下的事务处理和自动恢复、并发控制和死锁检测、运行日志的组织管理等功能的是（　　）。
   A. 数据定义功能　　　　　　　　　　　B. 数据运行管理功能
   C. 数据操纵功能　　　　　　　　　　　D. 数据控制功能

10. 对关系 S 和关系 R 进行集合运算，结果中既包含 S 中元组也包含 R 中元组，这种集合运算称为（　　）。
    A. 并运算　　　　　　　　　　　　　　B. 交运算
    C. 差运算　　　　　　　　　　　　　　D. 积运算

11. 以下叙述正确的是（　　）。
    A. 自由表不能被加入到数据库中
    B. 数据库表可以建立字段级规则和约束，而自由表不能
    C. 可以在自由表之间建立参照完整性规则，而数据库表不能
    D. 可以为自由表字段设置默认值，而数据库表字段不能设置默认值

12. 在"查询设计器"的"筛选"选项卡中，"插入"按钮的功能是（　　）。
    A. 用于增加查询表　　　　　　　　　　B. 用于增加查询输出字段
    C. 用于插入查询输出条件　　　　　　　D. 用于增加查询去向

13. 下列关于运行查询的方法中，不正确的是（　　）。
    A. 在项目管理器"数据"选项卡中展开"查询"选项，选择要运行的查询，单击"运行"命令按钮
    B. 单击"查询"菜单中的"运行查询"命令
    C. 利用快捷键 CTRL＋D 运行查询
    D. 在命令窗口输入命令 DO ＜查询文件名.qpr＞

14. 为表单建立了快捷菜单 mymenu，调用快捷菜单的命令代码 Do mymenu.mpr　　WITH THIS 应该放在表单的（　　）中。
    A. Destory 事件　　　　　　　　　　　B. Init 事件
    C. Load 事件　　　　　　　　　　　　D. RightClick 事件

15. 如果有定义 LOCAL data，data 的初值是（　　）。
    A. 整数 0　　　　　　　　　　　　　　B. 不定值

C. 逻辑真   D. 逻辑假

16. 在软件设计中，软件测试的主要目的是（   ）。
    A. 实验性运行软件   B. 证明软件正确
    C. 找出软件中全部错误   D. 发现软件错误而执行程序

17. 如果设定学生年龄有效性规则 18 至 20 岁之间，当输入的数值不在此范围内时，则给出错误信息，我们必须定义（   ）。
    A. 实体完整性   B. 域完整性
    C. 参照完整性   D. 以上各项都需要定义

18. STD 表的结构为：姓名（C,8）、课程名（C,16）、成绩（N,3,0），下面一段程序用于显示所有成绩及格的学生信息。

```
SKF TALK OFF
USE STD
CLEAR
GO TOP
DO WHILE_____
    IF  成绩>=60
    ? "姓名:" +姓名,;
      "课程:" +课程名,;
      "成绩:" +STR（成绩，3，0）
      ENDIF
      SKIP
ENDDO
USE
SET TALK ON
RETURN
```

上述程序的循环条件部分（程序第 5 行）可添入（   ）。
    A. EOF（ ）   B. .NOT.EOF（ ）
    C. BOF（ ）   D. .NOT.BOF（ ）

19. 在 Visual FoxPro 中，创建一个名为 SDB.DBC 的数据库文件，使用的命令是（   ）。
    A. CREATE   B. CREATE SDB
    C. CREATE TABLE SDB   D. CREATE DATABASE SDB

20. 如果运行一个表单，以下事件首先被触发的是（   ）。
    A. Load   B. Error
    C. Init   D. Click

21. 在表单 MyForm 控件的事件或方法代码中，改变该表单背景属性为绿色，正确的命令是（   ）。
    A. MyForm.BackColor＝RGB（0，255，0）
    B. THIS.Parent.BackColor＝RGB（0，255，0）
    C. THISFORM.BackColor＝RGB（0，255，0）
    D. THIS.BackColor＝RGB（0，255，0）

22. 使用报表向导定义报表时，定义报表布局的选项是（   ）。
    A. 列数、方向、字段布局
    B. 列数、行数、字段布局
    C. 行数、方向、字段布局
    D. 列数、行数、方向

23. SQL 语句中的短语（   ）。
    A. 必须是大写的字母
    B. 必须是小写的字母
    C. 大小写字母均可
    D. 大小写字母不能混合使用

24. 新创建的表单默认标题为 Form1，为了修改表单的标题，应设置表单的（   ）。
    A. Name 属性
    B. Caption 属性
    C. Closable 属性
    D. AlwaysOnTop 属性

25. 在 Visual FoxPro 中，使用 LOCATE FOR <expL>命令按条件查找记录，当查找到满足条件的第一条记录后，如果还需要查找下一条满足条件的记录，应使用（   ）。
    A. 再次使用 LOCATE FOR<expL>命令
    B. SKIP 命令
    C. CONTINUE 命令
    D. GO 命令

26. 在"报表设计器"中，任何时候都可以使用"预览"功能查看报表的打印效果。以下几种操作中不能实现预览功能的是（   ）。
    A. 直接单击常用工具栏上的"打印预览"按钮
    B. 在"报表设计器"中单击鼠标右键，从弹出的快捷菜单中选择"预览"
    C. 打开"显示"菜单，选择"预览"选项
    D. 打开"报表"菜单，选择"运行报表"选项

27. 要显示当前表中所有姓"李"的职工记录，以下 4 条命令中错误的是（   ）。
    A. DISP ALL FOR "李" $ 姓名
    B. DISP ALL FOR AT("李", 姓名) = 0
    C. DISP FOR "李" $ 姓名
    D. DISP ALL FOR AT("李", 姓名)<>0

28. 下列关于数组的叙述中，错误的是（   ）。
    A. 用 DIMENSION 和 DECLARE 都以定义数组
    B. Visual FoxPro 中只支持一维数组和二维数组
    C. 一个数组中各个数组元素必须是同一种数据类型
    D. 新定义数组的各个数组元素初值为.F.

第 29~32 题使用如下三个表：

学生.DBF：学号 C(8)，姓名 C(12)，性别 C(2)，出生日期 D，院系 C(8)
课程.DBF：课程编号 C(4)，课程名称 C(10)，开课院系 C(8)
学生成绩.DBF：学号 C(8)，课程编号 C(4)，成绩 I

29. 查询每门课程的最高分，要求得到的信息包括课程名称和分数。正确的命令是（　　）。
    A. SELECT 课程名称，SUM(成绩) AS 分数 FROM 课程,学生成绩;
        WHERE 课程.课程编号=学生成绩.课程编号;
        GROUP　BY 课程名称
    B. SELECT 课程名称，MAX(成绩) 分数 FROM 课程, 学生成绩;
        WHERE 课程.课程编号=学生成绩.课程编号;
        GROUP　BY 课程名称
    C. SELECT 课程名称，SUM(成绩) 分数 FROM 课程, 学生成绩;
        WHERE 课程.课程编号=学生成绩.课程编号;
        GROUP　BY 课程.课程编号
    D. SELECT 课程名称，MAX(成绩)　AS 分数 FROM 课程, 学生成绩;
        WHERE 课程.课程编号=学生成绩.课程编号;
        GROUP　BY 课程编号

30. 统计只有 2 名以下（含 2 名）学生选修的课程情况，统计结果中的信息包括课程名称、开课院系和选修人数，并按选课人数排序。正确的命令是（　　）。
    A. SELECT 课程名称,开课院系,COUNT(课程编号) AS 选修人数;
        FROM 学生成绩,课程 WHERE 课程.课程编号=学生成绩.课程编号;
        GROUP BY 学生成绩.课程编号 HAVING COUNT(*)<=2;
        ORDER BY COUNT(课程编号)
    B. SELECT 课程名称,开课院系,COUNT(学号) 选修人数;
        FROM 学生成绩,课程 WHERE 课程.课程编号=学生成绩.课程编号;
        GROUP BY 学生成绩.学号 HAVING COUNT(*)<=2;
        ORDER BY COUNT(学号)
    C. SELECT 课程名称,开课院系,COUNT(学号) AS 选修人数;
        FROM 学生成绩,课程 WHERE 课程.课程编号=学生成绩.课程编号;
        GROUP BY 课程名称 HAVING COUNT(学号)<=2;
        ORDER BY 选修人数
    D. SELECT 课程名称,开课院系,COUNT(学号) AS 选修人数;
        FROM 学生成绩,课程 HAVING COUNT(课程编号)<=2;
        GROUP BY 课程名称 ORDER BY 选修人数

31. 查询所有目前年龄是 22 岁的学生信息：学号，姓名和年龄，正确的命令组是（　　）。
    A. CREATE　VIEW　AGE_LIST　AS;

— 43 —

SELECT 学号,姓名,YEAR(DATE())-YEAR(出生日期) 年龄 FROM 学生;

SELECT 学号,姓名,年龄 FROM AGE_LIST WHERE 年龄=22

B. CREATE VIEW AGE_LIST AS;

SELECT 学号,姓名,YEAR (出生日期) FROM 学生;

SELECT 学号,姓名,年龄 FROM AGE_L IST WHERE YEAR (出生日期) =22

C. CREATE VIEW AGE_LIST AS;

SELECT 学号,姓名,YEAR(DATE())-YEAR(出生日期) 年龄 FROM 学生;

SELECT 学号,姓名,年龄 FROM 学生 WHERE YEAR(出生日期)=22

D. CREATE VIEW AGE_LIST AS STUDENT;

SELECT 学号,姓名,YEAR(DATE())-YEAR(出生日期) 年龄 FROM 学生;

SELECT 学号,姓名,年龄 FROM STUDENT WHERE 年龄=22

32. 向学生表插入一条记录的正确命令是（   ）。

A. APPEND INTO 学生 VALUES("10359999",'张三','男','会计',{^1983-10-28})

B. INSERT INTO 学生 VALUES("10359999",'张三','男',{^1983-10-28},'会计')

C. APPEND INTO 学生 VALUES("10359999",'张三','男',{^1983-10-28},'会计')

D. INSERT INTO 学生 VALUES("10359999",'张三','男',{^1983-10-28})

33. 在 Visual FoxPro 中，如果在表之间的联系中设置了参照完整性规则，并在删除规则中选择了"限制"，则当删除父表中的记录时，系统的反应是（   ）。

A. 不作参照完整性检查

B. 不准删除父表中的记录

C. 自动删除子表中所有相关的记录

D. 若子表中有相关记录，则禁止删除父表中记录

34. 在 Visual FoxPro 系统主菜单下，以下（   ）操作不能对已经进行逻辑删除的记录进行恢复。

A. 在"显示"菜单中选择''浏览"选项，打开"浏览"窗口，在要进行恢复的每个记录上，用鼠标左键单击删除标记栏中的删除标记

B. 在命令窗口使用 RECALL 命令

C. 在"显示"菜单中选择"浏览"选项，打开"浏览"窗口，选择"程序"菜单中的"恢复记录"选项

D. 在"显示"菜单中选择"浏览"选项，打开"浏览"窗口，选择"表"菜单中的"恢复记录"选项

35. 下面有关字段名的叙述中，错误的是（   ）。

A. 自由表的字段名最大长度为 10

B. 字段名必须以字母或汉字开头

C. 字段名中可以有空格

D. 数据库表中可以使用长字段名，最大长度为 128 个字符

二、填空题

请将每一个空的正确答案写在答题卡【1】～【15】序号的横线上，答在试卷上不得分。

1. 编译过程一般分成 5 个阶段【1】、语法分析、错误检查、代码优化和目标代码生成。

2. 数据的逻辑结构在计算机存储空间中的存放形式称为数据的【2】。

3. 一个关系表的行称为 【3】。

4. 常用的黑箱测试有等价分类法、【4】、因果图法和错误推测法 4 种。

5. 数据库系统阶段的数据具有较高独立性，数据独立性包括物理独立性和【5】两个含义。

6. Visual FoxPro 的查询设计器设计的 SQL 查询语句，不仅可以对数据库表、视图查询，还可对【6】查询。

7. 在 Visual FoxPro 中释放和关闭表单的方法是【7】 。

8. 如下程序显示的结果是【8】 。
   s=1
   i=0
   do while i<8
        s=s+i
        i=i+2
   enddo
   ?s

9. 利用 SQL 语句统计选修了 "计算机" 课程的学生人数。请将下面的语句补充完整。
   SELECT 【9】 FROM 选课表 WHERE 课程名＝″计算机″。

10. 在将设计好的表单存盘时，系统将生成扩展名分别是 SCX 和【10】的两个文件。

    11~13 题使用如下三个数据库表：

金牌榜.DBF	国家代码 C(3), 金牌数 I, 银牌数 I, 铜牌数 I
获奖牌情况.DBF	国家代码 C(3), 运动员名称 C(20), 项目名称 C(30), 名次 I
国家.DBF	国家代码 C(3), 国家名称 C(20)

    "金牌榜" 表中一个国家一条记录；"获奖牌情况" 表中每个项目中的各个名次都有一条

— 45 —

记录，名次只取前 3 名，例如：

国家代码	运动员名称	项目名称	名次
001	刘翔	男子 110 米栏	1
001	李小鹏	男子双杠	3
002	菲尔普斯	游泳男子 200 米自由泳	3
002	菲尔普斯	游泳男子 400 米个人混合泳	1
001	郭晶晶	女子三米板跳板	1
001	李婷/孙甜甜	网球女子双打	1

11. 为表"金牌榜"增加一个字段"奖牌总数"，同时为该字段设置有效性规则：奖牌总数 >=0，应使用 SQL 语句
ALTER TABLE 金牌榜 【11】 奖牌总数 I 【12】 奖牌总数>=0

12. 使用"获奖牌情况"和"国家"两个表查询"中国"所获金牌（名次为 1）的数量，应使用 SQL 语句
SELECT COUNT(*) FROM 国家 INNER JOIN 获奖牌情况；
　　【13】 国家.国家代码 = 获奖牌情况.国家代码；
WHERE 国家.国家名称 = "中国" AND 名次=1

13. 将金牌榜.DBF 中的新增加的字段奖牌总数设置为金牌数、银牌数、铜牌数 3 项的和，应使用 SQL 语句
　　【14】 金牌榜 【15】 奖牌总数=金牌数+银牌数+铜牌数

第 7 套

一、选择题

下列各题 A、B、C、D 四个选项中，只有一个选项是正确的，请将正确选项涂写在答题卡相应位置上，答在试卷上不得分。

1. 下列叙述中正确的是（　　）。
   A. 程序设计就是编制程序
   B. 程序的测试必须由程序员自己去完成
   C. 程序经调试改错后还应进行再测试
   D. 程序经调试改错后不必进行再测试

2. 下列数据结构中，能用二分法进行查找的是（　　）。
   A. 顺序存储的有序线性表
   B. 线性链表
   C. 二叉链表
   D. 有序线性链表

3. 下面对对象概念描述正确的是（　　）。
   A. 任何对象都必须有继承性
   B. 对象是属性和方法的封装体
   C. 对象间的通讯靠文本传递
   D. 操作是对象的静态属性

4. 下列关于栈的描述正确的是（　　）。
   A. 在栈中只能插入元素而不能删除元素
   B. 在栈中只能删除元素而不能插入元素
   C. 栈是特殊的线性表，只能在一端插入或删除元素
   D. 栈是特殊的线性表，只能在一端插入元素，而在另一端删除元素

5. 在数据库管理系统提供的数据功能中，负责数据的完整性、安全性的定义功能的是（　　）。
   A. 数据定义语言
   B. 数据转换语言
   C. 数据操纵语言
   D. 数据控制语言

6. 下列不属于关系数据库的数据及更新操作必须遵循的规则的是（　　）。
   A. 实体完整性
   B. 过程完整性
   C. 参照完整性
   D. 用户自定义完整性

7. 在数据库管理系统的层次结构中，处于最下层的是（　　）。
   A. 应用层
   B. 语言翻译处理层
   C. 数据存取层
   D. 数据存储层

8. 下面不属于软件开发时期的是（　　）。

    A．软件定义阶段　　　　　　　　　　B．软件设计阶段

    C．软件实现阶段　　　　　　　　　　D．软件测试阶段

9. 用链表表示线性表的优点是（　　）。

    A．便于随机存取　　　　　　　　　　B．花费的存储空间较顺序存储少

    C．便于插入和删除操作　　　　　　　D．数元素的物理顺序与逻辑顺序相同

10. 设有如下关系表：

R

A	B	C
1	1	2
2	2	3

S

A	B	C
3	1	3

T

A	B	C
1	1	2
2	2	3
3	1	3

    则下列操作中正确的是（　　）。

    A．T=R∩S　　　　　　　　　　　　B．T=R∪S

    C．T=R×S　　　　　　　　　　　　D．T=R/S

11. 当变量 I 在奇偶数之间变化时，下面程序的输出结果为（　　）。

```
CLEAR
I＝0
DO   WHILE I<10
IF   INT（I/2）＝I/2
? "W"
ENDIF
? "ABC"
I＝I+1
ENDDO
```

A. W
   ABC
   ABC
   连续显示 5 次

B. ABC
   ABC
   W
   连续显示 5 次

C. W ABC   ABC 连续显示 4 次

D. ABC ABC W 连续显示 4 次

12. 一些重要的程序语言（如 C 语言和 Pascal 语言）允许过程的递归调用。而实现递归调用中的存储分配通常用（   ）。

   A. 栈

   B. 堆

   C. 数组

   D. 链表

13. 表达式 LEN(SPACE(0)) 的运算结果是（   ）。

   A. .NULL.

   B. 1

   C. 0

   D. ""

14. 如果添加到项目中的文件标识为"排除"，表示（   ）。

   A. 此类文件不是应用程序的一部分

   B. 生成应用程序时不包括此类文件

   C. 生成应用程序时包括此类文件，用户可以修改

   D. 生成应用程序时包括此类文件，用户不能修改

15. 设工资表已打开，下列命令中不能列出工资高于 800 元的所有职工姓名和工资的命令是（   ）。

   A. LIST 姓名,工资 FOR 工资>800 OFF

   B. list for 工资>800 姓名,工资 OFF

   C. DISP ALL 姓名,工资 FOR 工资>800 OFF

   D. LIST WHILE 工资>800 姓名,工资 OFF

16. 在 Visual FoxPro 中，表达式包括（   ）。

   A. 常量和变量

   B. 函数

   C. 用运算符及圆括号将常量，变量和函数连接起来的式子

   D. 以上三项

17. 测试数据库记录指针是否指向数据库末尾所使用的函数是（   ）。

   A. FOUND()

   B. BOF()

   C. FILE()

   D. EOF()

18. 以下关于视图的描述中正确的是（　　）。
    A. 视图保存在项目文件中
    B. 视图保存在数据库文件中
    C. 视图保存在表文件中
    D. 视图保存在视图文件中

19. 在 Visual FoxPro 的查询设计器中"筛选"选项卡对应的 SQL 短语是（　　）。
    A. WHERE
    B. JOIN
    C. SET
    D. ORDER BY

20. 在 SQL 查询时，使用 WHERE 子句指出的是（　　）。
    A. 查询目标
    B. 查询条件
    C. 查询结果
    D. 查询视图

21. 6E–5 是一个（　　）。
    A. 数值常量
    B. 字符常量
    C. 内存变量
    D. 表达式

22. 当记录指针指向第 18 号记录时，执行"REPLACE REST 工龄 WITH 工龄+1"命令后，记录指针指向（　　）。
    A. 表文件尾
    B. 表文件头
    C. 未记录
    D. 第 18 号记录

23. 使用（　　）工具栏可以在报表或表单上对齐和调整控件的位置。
    A. 调色板
    B. 布局
    C. 表单控件
    D. 表单设计器

24. 为了在报表中打印当前时间，这时应该插入一个（　　）。
    A. 表达式控件
    B. 域控件
    C. 标签控件
    D. 文本控件

25. 有一学生表文件，且通过表设计器已经为该表建立了若干普通索引。其中一个索引的索引表达式为姓名字段，索引名为 XM。现假设学生表已经打开，且处于当前工作区中，那么可以将上述索引设置为当前索引的命令是（　　）。
    A. SET INDEX TO 姓名
    B. SET INDEX TO XM
    C. SET ORDER TO 姓名
    D. SET ORDER TO XM

26. 设 1 号工作区上已打开别名为"ZGGZ1"的表文件，当前工作区为 2 号工作区，不能使 1 号工作区成为当前工作区的命令是（　　）。
    A. SELECT 1
    B. SELECT 0
    C. SELECT A
    D. SELECT ZGGZ1

27. 下列变量名中不合法的是（　　）。

A. NAME   B. 年龄
C. CLASS_2   D. 2002 级

28. 实体完整性规则要求主属性不能取空值，这一点可以通过（   ）来保证。
    A. 定义外部键   B. 定义主关键字
    C. 用户定义的完整性   D. 关系系统自动

29. 在查询设计器中，选择查询去向是"表"，则原有的 SQL SELECT 语句后面增加的短语是（   ）。
    A. TO TABLE＜表名.dbf＞
    B. INTO TABLE＜表名.dbf＞
    C. INTO CURSOR＜表名.dbf＞
    D. TO CURSOR＜表名.dbf＞

第 30～35 题使用如下三个表文件：
部门.DBF：部门号 C(8), 部门名 C(12), 负责人 C(6), 电话 C(16)
职工.DBF：部门号 C(8), 职工号 C(10), 姓名 C(8), 性别 C(2), 出生日期 D
工资.DBF：职工号 C(10), 基本工资 N(8,2), 津贴(8,2), 奖金 N(8,2), 扣除 N(8,2)

30. 查询职工实发工资的正确命令是（   ）。
    A. SELECT 姓名,(基本工资 + 津贴 + 奖金 − 扣除)AS 实发工资 FROM 工资
    B. SELECT 姓名,(基本工资 + 津贴 + 奖金 − 扣除)AS 实发工资 FROM 工资;
        WHERE 职工.职工号=工资.职工号
    C. SELECT 姓名,(基本工资 + 津贴 + 奖金 − 扣除)AS 实发工资;
        FROM 工资,职工 WHERE 职工.职工号=工资.职工号
    D. SELECT 姓名,(基本工资 + 津贴 + 奖金 − 扣除)AS 实发工资;
        FROM 工资 JOIN 职工 WHERE 职工.职工号=工资.职工号

31. 查询 1962 年 10 月 27 日出生的职工信息的正确命令是（   ）。
    A. SELECT* FROM 职工 WHERE 出生日期 = {^1962- 10- 27}
    B. SELECT* FROM 职工 WHERE 出生日期 =1962- 10- 27
    C. SELECT* FROM 职工 WHERE 出生日期 = "1962- 10- 27"
    D. SELECT* FROM 职工 WHERE 出生日期 = ("1962- 10- 27")

32. 查询每个部门年龄最长者的信息，要求得到的信息包括部门名和最长者的出生日期。正确的命令是（   ）。
    A. SELECT 部门名,MIN(出生日期) FROM 部门 JOIN 职工;
        ON 部门.部门号=职工.部门号 GROUP BY 部门名
    B. SELECT 部门名,MAX(出生日期) FROM 部门 JOIN 职工;
        ON 部门.部门号=职工.部门号 GROUP BY 部门名

— 51 —

C. SELECT 部门名,MIN(出生日期) FROM 部门 JOIN 职工;
   WHERE 部门.部门号=职工.部门号 GROUP BY 部门名

D. SELECT 部门名,MAX(出生日期) FROM 部门 JOIN 职工;
   WHERE 部门.部门号=职工.部门号 GROUP BY 部门名

33. 查询有 10 名以上（含 10 名）职工的部门信息（部门名和职工人数），并按职工人数降序排序。正确的命令是（   ）。

A. SELECT 部门名,COUNT(职工号) AS 职工人数;
   FROM 部门,职工 WHERE 部门.部门号=职工.部门号;
   GROUP BY 部门名 HAVING COUNT(*)>=10;
   ORDER BY COUNT(职工号) ASC

B. SEIECT 部门名,COUNT(职工号) AS 职工人数;
   FROM 部门,职工 WHERE 部门.部门号=职工.部门号;
   GROUP BY 部门名 HAVING COUNT(*)>=10;
   ORDER BY COUNT(职工号) DESC

C. SELECT 部门名,COUNT(职工号) AS 职工人数;
   FROM 部门,职工 WHERE 部门.部门号=职工.部门号;
   GROUP BY 部门名 HAVING COUNT(*)>=10;
   ORDER BY 职工人数 ASC

D. SELECT 部门名,COUNT(职工号) AS 职工人数;
   FROM 部门,职工 WHERE 部门.部门号=职工.部门号;
   GROUP BY 部门名 HAVING COUNT(*)>=10;
   ORDER BY 职工人数 DESC

34. 查询所有目前年龄在 35 岁以上（不含 35 岁）的职工信息（姓名、性别和年龄）的正确的命令是（   ）。

A. SELECT 姓名,性别,YEAR(DATE())-YEAR(出生日期) 年龄 FROM 职工;
   WHERE 年龄>35

B. SELECT 姓名,性别,YEAR(DATE())-YEAR(出生日期) 年龄 FROM 职工;
   WHERE YEAR(出生日期)>35

C. SELECT 姓名,性别,YEAR(DATE())-YEAR(出生日期) 年龄 FROM 职工;
   WHERE YEAR(DATE())-YEAR(出生日期)>35

D. SELECT 姓名,性别,年龄=YEAR(DATE())-YEAR(出生日期) FROM 职工;
   WHERE YEAR(DATE())-YEAR(出生日期)>35

35. 为"工资"表增加一个"实发工资"字段的正确命令是 （   ）。

A. MODIFY TABLE 工资 ADD COLUMN 实发工资 N(9,2)

B. MODIFY TABLE 工资 ADD FIELD 实发工资 N(9,2)

C. ALTER TABLE 工资 ADD COLUMN 实发工资 N(9,2)

D. ALTER TABLE 工资 ADD FIELD 实发工资 N(9,2)

二、填空题

请将每一个空的正确答案写在答题卡【1】～【15】序号的横线上，答在试卷上不得分。

1. 在面向对象方法中，类的实例称为【1】。

2. 【2】（黑箱或白箱）测试方法完全不考虑程序的内部结构和内部特征。

3. 为了使模块尽可能独立，要求模块的内聚程度要尽量高，且各模块间的耦合程度要尽量【3】

4. 由关系数据库系统支持的完整性约束是指【4】和参照完整性。

5. 设树 T 的度为 4，其中度为 1，2，3，4 的结点个数分别为 4，2，1，1，则 T 中的叶子结点数为【5】。

6. 在 Visual FoxPro 环境下，进行下列操作的结果是【6】。
   A=CTOD（"00/00/00"）
   ? TYPE（"A"）

7. 使用 REPLACE 命令进行替换操作，若<范围>选项为 ALL，则记录指针指向【7】。

8. 在表单中确定控件是否可见的属性是【8】。

   第 9~11 题使用如下三个表文件：
   零件.DBF：零件号 C(2), 零件名称 C(10), 单价 N(10), 规格 C(8)
   使用零件.DBF：项目号 C(2), 零件号 C(2), 数量 I
   项目.DBF：项目号 C(2), 项目名称 C(20), 项目负责人 C(10), 电话 C(20)

9. 为"数量"字段增加有效性规则：数量>0，应该使用的 SQL 语句是
   【9】TABLE 使用零件【9】数量 SET【10】数量>0

10. 查询与项目"s1"（项目号）所使用的任意一个零件相同的项目号、项目名称、零件号和零件名称，使用的 SQL 语句是
    SELECT 项目.项目号,项目名称,使用零件.零件号,零件名称;
    FROM 项目,使用零件,零件 ;
    WHERE 项目.项目号=使用零件.项目号【11】;
    使用零件.零件号=零件.零件号 AND 使用零件.零件号【12】
    (SELECT 零件号 FROM 使用零件 WHERE 使用零件.项目号='s1')

11. 建立一个由零件名称、数量、项目号、项目名称字段构成的视图，视图中只包含项目号

为"s2"的数据，应该使用的 SQL 语句是
CREATE VIEW item_view【13】
SELECT 零件.零件名称, 使用零件.数量, 使用零件.项目号, 项目.项目名称
FROM 零件 INNER JOIN 使用零件
INNER JOIN【14】
ON 使用零件.项目号 = 项目.项目号
ON 零件.零件号 = 使用零件.零件号
WHERE 项目.项目号 = 's2'

12. 从上一题建立的视图中查询使用数量最多的两个零件的信息，应该使用的 SQL 语句是
SELECT* TOP 2 FROM item_view【15】数量 DESC

第8套

一、选择题

下列各题 A、B、C、D 四个选项中，只有一个选项是正确的，请将正确选项涂写在答题卡相应位置上，答在试卷上不得分。

1. 为用户与数据库系统提供接口的语言是（　　）。
   A．高级语言
   B．数据描述语言（DDL）
   C．数据操纵语言（DML）
   D．汇编语言

2. 在下列关于二叉树的叙述中，正确的一项是（　　）。
   A．在二叉树中，任何一个结点的度都是 2
   B．二叉树的度为 2
   C．在二叉树中至少有一个结点的度是 2
   D．一棵二叉树的度可以小于 2

3. 为了避免流程图在描述程序逻辑时的灵活性，提出了用方框图来代替传统的程序流程图，通常也把这种图称为（　　）。
   A．PAD 图
   B．N−S 图
   C．结构图
   D．数据流图

4. 程序设计方法要求在程序设计过程中（　　）。
   A．先编制出程序，经调试使程序运行结果正确后再画出程序的流程图
   B．先编制出程序，经调试使程序运行结果正确后再在程序中的适当位置处加注释
   C．先画出流程图，再根据流程图编制出程序，最后经调试使程序运行结果正确后再在程序中的适当位置处加注释
   D．以上三种说法都不对

5. 假设线性表的长度为 n，则在最坏情况下，冒泡排序需要的比较次数为（　　）。
   A．$\log_2 n$
   B．n^2
   C．$n^{1.5}$
   D．$n(n-1)/2$

6. 在 E-R 图中，用来表示实体的图形是（　　）。
   A．矩形
   B．椭圆形
   C．菱形
   D．三角形

7. 在单链表中，增加头结点的目的是（　　）。
   A．方便运算的实现
   B．使单链表至少有一个结点

C. 标识表结点中首结点的位置   D. 说明单链表是线性表的链式存储实现

8. 用黑盒技术测试用例的方法之一为（   ）。
   A. 因果图   B. 逻辑覆盖
   C. 循环覆盖   D. 基本路径测试

9. 串的长度是（   ）。
   A. 串中不同字符的个数   B. 串中不同字母的个数
   C. 串中所含字符的个数且字符个数大于零   D. 串中所含字符的个数

10. "商品"与"顾客"两个实体集之间的联系一般是（   ）。
    A. 一对一   B. 一对多
    C. 多对一   D. 多对多

11. 开发软件时对提高开发人员工作效率至关重要的是（   ）。
    A. 操作系统的资源管理功能   B. 先进的软件开发工具和环境
    C. 程序人员的数量   D. 计算机的并行处理能力

12. 执行命令"INDEX on 姓名 TAG index_name"建立索引后，下列叙述错误的是（   ）。
    A. 此命令建立的索引是当前有效索引
    B. 此命令所建立的索引将保存在.idx 文件中
    C. 表中记录按索引表达式升序排序
    D. 此命令的索引表达式是"姓名"，索引名是"index_name"

13. 当已打开某个表文件时，下列描述正确的是（   ）。
    A. 不能创建自由表，可以创建数据库表
    B. 不能创建数据库表，可以创建自由表
    C. 既可以创建数据库表，也可以创建自由表
    D. 既不能创建数据库表，也不能创建自由表

14. 设有两个数据库表，父表和子表之间是一对多的联系，为控制子表和父表的关联，可以设置"参照完整性规则"，为此要求这两个表（   ）。
    A. 在父表连接字段上建立普通索引，在子表连接字段上建立主索引
    B. 在父表连接字段上建立主索引，在子表连接字段上建立普通索引
    C. 在父表连接字段上不需要建立任何索引，在子表连接字段上建立普通索引
    D. 在父表和子表的连接字段上都要建立主索引

15. 在以下 4 组函数或表达式中，值相同的一组是（   ）。
    A. YEAR(DATE( ))与 SUBSTR(DTOC(DATE( )),7,2)
    B. LEFT("Visual FoxPro",6)与 SUBSTR("Visual FoxPro",1,6)

C. VARTYPE("36–5*4")与VARTYPE(36–5*4)

D. 假定 A="this　"，B="is a string"，A–B 与 A+B

16. 在 Visual FoxPro 中设置参照完整性时，要设置成：当更改父表中的主关键字段或候选关键字段时，自动更新相关子表中的对应值，应在"更新规则"选项卡中选择（　　）。

    A. 忽略　　　　　　　　　　　　　　　　B. 限制

    C. 级联　　　　　　　　　　　　　　　　D. 忽略或限制

17. 如果在一个过程中不包括 RETURN 语句，或只有一条 RETURN 语句，但没有指定表达式，那么该过程返回（　　）。

    A. 返回逻辑.T.　　　　　　　　　　　　B. 返回逻辑.F.

    C. 返回空值　　　　　　　　　　　　　　D. 没有返回值

18. 在 SQL 语句中，与表达式"供应商名 LIKE "%北京%""功能相同的表达式是（　　）。

    A. LEFT(供应商名,4)="北京"　　　　　　B. "北京" $ 供应商名

    C. 供应商名 IN "%北京%"　　　　　　　D. AT(供应商名,"北京")

19. 在 Visual FoxPro 中，下列不能用来修改数据表记录的命令是（　　）。

    A. EDIT　　　　　　　　　　　　　　　　B. CHANGE

    C. BROWSE　　　　　　　　　　　　　　D. MODIFY STRUCTURE

20. 以下是与设置系统菜单有关的命令，其中错误的是（　　）。

    A. SET SYSMENU DEFAULT　　　　　　B. SET SYSMENU TO DEFAULT

    C. SET SYSMENU NOSAVE　　　　　　　D. SET SYSMENU SAVE

21. 以下 4 条命令中，正确的是（　　）。

    A. a = 1, b = 2　　　　　　　　　　　　B. a = b = 1

    C. STORE 1 TO a, b　　　　　　　　　　D. STORE 1, 2 TO a, b

22. 检索每个部门职工工资的总和，要求显示部门名称和工资，正确的命令是（　　）。

    A. SELECT 部门号，SUM（工资）FROM 部门表，职工表；

       WHERE 职工表. 部门号＝部门表. 部门号；

      GROUP BY 部门号

    B. SELECT 部门号，SUM（工资）FROM 职工表；

       WHERE 职工表. 部门号＝部门表. 部门号；

      GROUP BY 职工表. 部门号

    C. SELECT 部门号，SUM（工资）FROM 部门表，职工表；

       WHERE 职工表. 部门号＝部门表. 部门号；

      ORDRE BY 职工表. 部门号

    D. SELECT 部门号，SUM（工资）FROM 部门表，职工表；

WHERE 职工表. 部门号＝部门表. 部门号；

GROUP BY 职工表. 部门号

23. 关系型数据库中最普通的联系是（　　）。
    A. 1-1
    B. 1-m
    C. m-n
    D. 1-1 和 1-m

24. 未婚男教师的逻辑表达式为（　　）。
    A. .NOT.婚否.OR.职业='教师'.OR.性别='男'
    B. .NOT.婚否.AND.职业='教师'.AND.性别='男'
    C. .NOT.婚否，职业='教师'，性别='男'
    D. .NOT.婚否.AND.职业='教师'+性别='男'

25. 以下关于视图的描述正确的是（　　）。
    A. 不能根据自由表建立现图
    B. 只能根据自由表建立视图
    C. 只能根据数据库表建立视图
    D. 可以根据数据库表和自由表建立视图

26. 在 Visual FoxPro 中，要运行菜单文件 menu1.mpr，可以使用命令（　　）。
    A. DO menu1
    B. DO menu1.mpr
    C. DO MENU menu1
    D. RUN menu1

27. 执行以下两条命令后，输出结果是（　　）。
    STORE "南开大学学籍管理系统" TO xj
    ? LEN(SUBSTR(xj, 9, 16))
    A. 16
    B. 12
    C. 6
    D. 学籍管理系统

28. 不属于"应用程序生成器"的"常规"选项卡设置的内容是（　　）。
    A. 正常
    B. 模块
    C. 商标
    D. 顶层

29. 关系运算中花费时间可能最长的运算是（　　）。
    A. 选择
    B. 联
    C. 并
    D. 笛卡儿积

30. 有关查询设计器，正确的描述是（　　）。
    A. "联接"选项卡与 SQL 语句的 GROUP BY 短语对应
    B. "筛选"选项卡与 SQL 语句的 HAVING 短语对应
    C. "排序依据"选项卡与 SQL 语句的 ORDER BY 短语对应
    D. "分组依据"选项卡与 SQL 语句的 JOIN ON 短语对应

31. 在"表单控件"工具栏中,（   ）控件用于保存不希望用户改动的文本。
   A. 命令组　　　　　　　　　　　　　B. 文本框
   C. 标签　　　　　　　　　　　　　　D. 编辑框

32. 有下列语句序列:
   Y="99.88"
   X=VAL(Y)
   ?&Y=X
   执行以上语句序列之后,最后一条命令的显示结果是（   ）。
   A. 99.8　　　　　　　　　　　　　　B. .T.
   C. .F.　　　　　　　　　　　　　　　D. 出错信息

33. 执行如下命令序列后,最后一条命令的显示结果是（   ）。
   DIMENSION M(2,2)
   M（1,1)=10
   M（1,2)=20
   M（2,1)=30
   M（2,2)=40
   ?M（2)
   A. 变量未定义的提示　　　　　　　　B. 10
   C. 20　　　　　　　　　　　　　　　D. .F.

34. 使用 SET RELATION 命令可以建立两个表之间的关联,这种关联是（   ）。
   A. 永久性关联　　　　　　　　　　　B. 永久性关联或临时性关联
   C. 临时性关联　　　　　　　　　　　D. 永久性关联和临时性关联

35. 假设有数据库 db-stock,其中有数据库表 stock.dbf,该表结构如下:
   stock（股票代码 C（6）,股票名称 C（8）,单价 N（6,2）,交易所 C（4））
   有如下 SQL SELECT 语句:
   SELECT*FROM stock WHERE 单价 BETWEEN 12.76 AND 15.20
   与该语句等价的是（   ）。
   A. SELECT*FROM stock WHERE 单价＜=12.76 .AND.单价＞=15.20
   B. SELECT*FROM stock WHERE 单价＜12.76 .AND.单价＞15.20
   C. SELECT*FROM stock WHERE 单价＞=12.76 .AND.单价＜=15.20
   D. SELECT*FROM stock WHERE 单价＞12.76 .AND.单价＜15.20

二、填空题

   请将每一个空的正确答案写在答题卡【1】～【15】序号的横线上,答在试卷上不得分。

1. 设一棵完全二叉树共有 700 个结点,则在该二叉树中有【1】个叶子结点。

2．算法复杂度主要包括时间复杂度和【2】复杂度。

3．数据库管理系统常见的数据模型有层次模型、网状模型和【3】3种。

4．软件工程包括3个要素，分别为方法、工具和【4】。

5．一棵二叉树第六层（根结点为第一层）的结点数最多为【5】个。

6．在 Visual FoxPro 的字段类型中，系统默认的日期型数据占【6】个字节，逻辑型字段占1个字节。

7．在 SCORE 表中，查询各学生的平均成绩，使用 SQL 语句：
SELECT 学号，【7】FROM SCORE【8】学号

8．在 Visual FoxPro 的表单设计中，为表格控件指定数据源的属性是【9】。

9．函数 INT（LEN（ "123.456"） ）的结果是【10】。

10．在 Visual FoxPro 中，视图可以分为本地视图和 【11】 视图。

11．在 Visual FoxPro 中，建立索引的作用之一是提高【12】速度。

12．按照【13】不同，复合索引文件可以分为结构复合索引和非结构复合索引。

13．打开数据库文件，有若干个记录，进行下列操作的结果是【14】。
GO TOP
SKIP –1
? BOF（ ）

15．在 Visual FoxPro 中，如下程序的运行结果（即执行命令 DO main 后）是【15】 。
*程序文件名：main.prg
SET TALK OFF
CLOSE ALL
CLEAR ALL
mX="Visual FoxPro"
mY="二级"
DO sl
?mY+mX
RETURN

```
*子程序文件名：s1.prg
PROCEDURE sl
LOCAL mX
mX="Visual FoxPro DBMS 考试"
mY="计算机等级"+mY
RETURN
```

第9套

一、选择题

下列各题 A、B、C、D 四个选项中，只有一个选项是正确的，请将正确选项涂写在答题卡相应位置上，答在试卷上不得分。

1. 算法的空间复杂度是指（　　）。
   A. 算法程序的长度
   B. 算法程序中的指令条数
   C. 算法程序所占的存储空间
   D. 算法执行过程中所需要的存储空间

2. 在一棵二叉树上第 5 层的结点数最多是（　　）。
   A. 8
   B. 16
   C. 32
   D. 15

3. 将 E-R 图转换到关系模式时，实体与联系都可以表示成（　　）。
   A. 属性
   B. 关系
   C. 键
   D. 域

4. 在创建数据库表结构时，给该表指定了主索引，这属于数据完整性中的（　　）。
   A. 参照完整性
   B. 实体完整性
   C. 域完整性
   D. 用户定义完整性

5. 对关系 S 和 R 进行集合运算，产生的元组属于 S 中的元组，但不属于 R 中的元组，这种集合运算称为（　　）。
   A. 并运算
   B. 交运算
   C. 差运算
   D. 积运算

6. 以下不是结构化程序设计方法的技术是（　　）。
   A. 自顶向下，逐步求精
   B. 自底向上，逐步求精
   C. 从整体到局部
   D. 结构清晰，层次分明

7. 在面向对象设计中，对象有很多基本特点，其中"一个系统中通常包含很多类，这些类之间呈树形结构"这一性质指的是对象的（　　）。
   A. 分类性
   B. 标识惟一性
   C. 继承性
   D. 封装性

8. 所有在函数中定义的变量，连同形式参数，都属于（　　）。
   A. 全局变量　　　　　　　　　　　　　B. 局部变量
   C. 静态变量　　　　　　　　　　　　　D. 寄存器变量

9. 完全不考虑程序的内部结构和内部特征，而只是根据程序功能导出测试用例的测试方法是（　　）。
   A. 黑箱测试法　　　　　　　　　　　　B. 白箱测试法
   C. 错误推测法　　　　　　　　　　　　D. 安装测试法

10. 下列叙述中正确的是（　　）。
    A. 数据库系统是一个独立的系统，不需要操作系统的支持
    B. 数据库设计是指设计数据库管理系统
    C. 数据库技术的根本目标是要解决数据共享的问题
    D. 数据库系统中，数据的物理结构必须与逻辑结构一致

11. 在 SQL 语句中，用于修改表结构的语句是（　　）。
    A. ALTER STRUCTURE　　　　　　　　B. MODIFY STRUCTURE
    C. ALTER TABLE　　　　　　　　　　　D. MODIFY TABLE

12. 在 Visual FoxPro 中，学生表 STUDENT 中包含有通用型字段，表中通用型字段中的数据均存储到另一个文件中，该文件名为（　　）。
    A. STUDENT.DOC　　　　　　　　　　B. STUDENT.MEM
    C. STUDENT.DBT　　　　　　　　　　D. STUDENT.FTP

13. 以下赋值语句正确的是（　　）。
    A. STORE 2*6 TO X，Y　　　　　　　　B. STORE 5，2 TO X，Y
    C. X=5，Y=2　　　　　　　　　　　　D. X，Y=8

14. 在 Visual FoxPro 中，以下叙述正确的是（　　）。
    A. 利用视图可以修改数据　　　　　　　B. 利用查询可以修改数据
    C. 查询和视图具有相同的作用　　　　　D. 视图可以定义输出去向

15. 以下 4 个表达式中，错误的是（　　）。
    A. {^2002-05-01 10:10 AM}–10　　　　　B. {^2002-05-01}–DATE( )
    C. {^2002-05-01}+DATE( )　　　　　　　D. [^2002-05-01]+1000

16. 将一个预览成功的菜单存盘，再运行该菜单，却不能执行。这是因为（　　）。
    A. 没有生成　　　　　　　　　　　　　B. 要用命令的方式
    C. 没有放到项目中　　　　　　　　　　D. 要编入程序

17. 扩展名为 DBF 的文件是（　　）。

　　A．数据库表文件　　　　　　　　　　B．数据库文件

　　C．表单文件　　　　　　　　　　　　D．项目文件

18. 在 SQL 语句中，与表达式"工资 BETWEEN 1210 AND 1240"功能相同的表达式是（　　）。

　　A．工资>=1210　AND　工资<=1240　　B．工资>1210　AND　工资<1240

　　C．工资<=1210　AND　工资>1240　　D．工资>=1210　OR　工资<=1240

19. 在下面的程序中，?"ABC" 命令被执行的次数是（　　）。

I=0

DO WHILE I<10

IF INT(I/2)=I/2

? "123"

ENDIF

? "ABC"

I=I+1

ENDDO

　　A．5　　　　　　　　　　　　　　　B．6

　　C．10　　　　　　　　　　　　　　　D．11

20. 打开数据库 abc 的正确命令是（　　）。

　　A．OPEN DATABASE abc　　　　　　　B．USE abc

　　C．USE DATABASE abc　　　　　　　D．OPEN abc

21. 对于学生关系 S（S#,SN,AGE,SEX），写一条规则，把其中的 AGE 属性限制在 15~30 之间，则这条规则属于（　　）。

　　A．实体完整性规则　　　　　　　　　B．参照完整性规则

　　C．用户定义的完整性规则　　　　　　D．不属于以上任何规则

22. 当前数据表 TSH.DBF 中"购进日期"是日期型字段，要求显示 1995 年 10 月以后（包含 10 月）购进图书情况的命令是（　　）。

　　A．LIST　FOR　购进日期>10/01/95

　　B．LIST　FOR　YEAR（购进日期）>=1995.AND.MONTH（购进日期）>=10

　　C．LIST　FOR　购进日期>CTOD（10/01/95）

　　D．LIST　FOR　YEAR（购进日期）>=1995.AND.MONTH（购进日期）>=10.OR.YEAR（购进日期）>1995

23. 在 DO WHILE…… ENDDO 循环结构中，EXIT 命令的作用是（　　）。

　　A．退出过程，返回上级调用程序

　　B．终止程序执行

C. 终止循环，将控制转移到本循环结构 ENDDO 后面的第一条语句继续执行

D. 退出 Visual FoxPro

24~35 题使用的数据表如下：

当前盘当前目录下有数据库：学院.dbc，其中有"教师"表和"学院"表。

"教师"表

职工号	系号	姓名	工资	主讲课程
11020001	01	肖海	3408	数据结构
11020002	02	王岩盐	4390	数据结构
11020003	01	刘星魂	2450	C 语言
11020004	03	张月新	3200	操作系统
11020005	01	李明玉	4520	数据结构
11020006	02	孙民山	2976	操作系统
11020007	03	钱无名	2987	数据库
11020008	04	呼廷军	3220	编译原理
11020009	03	王小龙	3980	数据结构
11020010	01	张国梁	2400	C 语言
11020011	04	林新月	1800	操作系统
11020012	01	乔小廷	5400	网络技术
11020013	02	周兴池	3670	数据库
11020014	04	欧阳秀	3345	编译原理

"学院"表

系号	系名
01	计算机
02	通信
03	信息管理
04	数学

24. 为"学院"表增加一个字段"教师人数"的 SQL 语句是（　　　　）。
   A. CHANGE TABLE 学院 ADD 教师人数 I
   B. ALTER STRU 学院 ADD 教师人数 I
   C. ALTER TABLE 学院 ADD 教师人数 I
   D. CHANGE TABLE 学院 INSERT 教师人数 I

25. 将"欧阳秀"的工资增加200元的 SQL 语句是（　　　　）。
   A. REPLACE 教师 WITH 工资= 工资+200 WHERE 姓名="欧阳秀"

B. UPDATE 教师 SET 工资= 工资+200 WHEN 姓名="欧阳秀"

C. UPDATE 教师 工资 WITH 工资+200 WHERE 姓名="欧阳秀"

D. UPDATE 教师 SET 工资= 工资+200 WHERE 姓名="欧阳秀"

26. 下列程序段的输出结果是（　　　）。

```
CLOSE DATA
a=0
USE 教师
GO TOP
DO WHILE.NOT.EOF()
    IF 主讲课程="数据结构" .OR. 主讲课程="C 语言"
      a=a+1
    ENDIF
    SKIP
ENDDO
?a
```

A. 4   B. 5

C. 6   D. 7

27. 有 SQL 语句：

SELECT * FROM 教师 WHERE NOT(工资>3000 OR 工资<2000)

与如上语句等价的 SQL 语句是（　　　）。

A. SELECT * FROM 教师 WHERE 工资 BETWEEN 2000 AND 3000

B. SELECT * FROM 教师 WHERE 工资>2000 AND 工资<3000

C. SELECT * FROM 教师 WHERE 工资>2000 OR 工资<3000

D. SELECT * FROM 教师 WHERE 工资<=2000 AND 工资>3000

28. 为"教师"表的职工号字段添加有效性规则：职工号的最左边三个字符是 110，正确的 SQL 语句是（　　　）。

A. CHANGE TABLE 教师 ALTER 职工号 SET CHECK LEFT(职工号,3)="110"

B. ALTER TABLE 教师 ALTER 职工号 SET CHECK LEFT(职工号,3)="110"

C. ALTER TABLE 教师 ALTER 职工号 CHECK LEFT(职工号,3)="110"

D. CHANGE TABLE 教师 ALTER 职工号 SET CHECK OCCURS(职工号,3)="110"

29. 有 SQL 语句：

SELECT DISTINCT 系号 FROM 教师 WHERE 工资>=;

ALL(SELECT 工资 FROM 教师 WHERE 系号="02")

该语句的执行结果是系号（　　　）。

A. "01"和"02"   B. "01"和"03"

C. "01"和"04"   D. "02"和"03"

30. 建立一个视图 salary，该视图包括了系号和（该系的）平均工资两个字段，正确的 SQL 语句是（   ）。
    A. CREATE VIEW salary AS 系号,AVG(工资) AS 平均工资 FROM 教师;
        GROUP BY 系号
    B. CREATE VIEW salary AS SELECT 系号,AVG(工资) AS 平均工资 FROM 教师;
        GROUP BY 系名
    C. CREATE VIEW salary SELECT 系号,AVG(工资) AS 平均工资 FROM 教师;
        GROUP BY 系号
    D. CREATE VIEW salary AS SELECT 系号,AVG(工资) AS 平均工资 FROM 教师;
        GROUP BY 系号

31. 删除视图 salary 的命令是（   ）。
    A. DROP salary VIEW   B. DROP VIEW salary
    C. DELETE salary VIEW   D. DELETE salary

32. 有 SQL 语句:
    SELECT 主讲课程,COUNT(*) FROM 教师 GROUP BY 主讲课程
    该语句执行结果含有的记录个数是（   ）。
    A. 3   B. 4
    C. 5   D. 6

33. 有 SQL 语句:
    SELECT COUNT(*) AS 人数, 主讲课程 FROM 教师 ;
    GROUP BY 主讲课程 ORDER BY 人数 DESC
    该语句执行结果的第一条记录的内容是（   ）。
    A. 4   数据结构   B. 3   操作系统
    C. 2   数据库   D. 1   网络技术

34. 有 SQL 语句:
    SELECT 学院.系名,COUNT(*) AS 教师人数 FROM 教师, 学院;
    WHERE 教师.系号 = 学院.系号 GROUP BY 学院.系名
    与如上语句等价 SQL 语句是（   ）。
    A. SELECT 学院.系名,COUNT(*) AS 教师人数;
        FROM 教师 INNER JOIN 学院;
        教师.系号= 学院.系号 GROUP BY 学院.系名
    B. SELECT 学院.系名,COUNT(*) AS 教师人数;
        FROM 教师 INNER JOIN 学院;
        ON 教师.系号 GROUP BY 学院.系名
    C. SELECT 学院.系名,COUNT(*) AS 教师人数;
        FROM 教师 INNER JOIN 学院;

ON 教师.系号= 学院.系号 GROUP BY 学院.系名

    D. SELECT 学院.系名,COUNT(*) AS 教师人数;

        FROM 教师 INNER JOIN 学院;

        ON 教师.系号= 学院.系号

35. 有 SQL 语句:

    SELECT DISTINCT 系号 FROM 教师 WHERE 工资>=;

    ALL(SELECT 工资 FROM 教师 WHERE 系号="02")

    与如上语句等价的 SQL 语句是( )。

    A. SELECT DISTINCT 系号 FROM 教师 WHERE 工资>=;

        (SELECT MAX(工资) FROM 教师 WHERE 系号="02")

    B. SELECT DISTINCT 系号 FROM 教师 WHERE 工资>=;

        (SELECT MIN(工资) FROM 教师 WHERE 系号="02")

    C. SELECT DISTINCT 系号 FROM 教师 WHERE 工资>=;

        ANY(SELECT 工资 FROM 教师 WHERE 系号="02")

    D. SELECT DISTINCT 系号 FROM 教师 WHERE 工资>=;

        SOME(SELECT 工资 FROM 教师 WHERE 系号="02")

二、填空题

请将每一个空的正确答案写在答题卡【1】～【15】序号的横线上,答在试卷上不得分。

1. 软件危机出现于 20 世纪 60 年代末,为了解决软件危机,人们提出用【1】的原理来设计软件,这就是软件工程诞生的基础。

2. 数据结构包括数据的逻辑结构、数据的【2】以及对数据的操作运算。

3. 在有序列表(3,6,8,10,12,15,16,18,21,25,30)中,用二分法查找关键码值 12,所需的关键码比较次数为【3】。

4. 在关系运算中,【4】运算是对两个具有公共属性的关系所进行的运算。

5. 数据库技术的主要特点为数据的集成性数据的高【5】和低冗余性、数据独立性和数据统一管理与控制。

6. 当删除父表中的记录时,若子表中的所有相关记录也能自动删除,则相应的参照完整性的删除规则为【6】 。

7. 已知表单文件名 myform.scx,表单备注文件名 myform.sct。运行这个表单的命令是【7】。

8. 在 2 号工作区打开"人事管理"的数据库的"教师"表(别名为 JS),使用的语句是【8】。

9. 在 SQL 语句中，ORDER BY 子句的作用是【9】。

10. 从职工数据库表中计算工资合计的 SQL 语句是
   SELECT【10】FROM 职工

11. 若使用带 RANDOM 短语的 UPDATE 命令，用 A．DBF 中的数据对 B.DBF 的数据进行
   更新，必须按关键字段排序或数据库是【11】。

12. 为了在报表中插入一个文字说明，应该插入一个 【12】 控件。

13. 职工（编号、姓名、基本工资）和工资（编号、实发工资）两个数据库文件，如下程序
   用关联方法显示职工的编号，姓名，职称，基本工资和实发工资的数据，请填空。
   USE 工资 ALIAS GZ
   INDEX ON 编号 TO idx 3
   SELECT 2
   USE 职工
   SET RELATION TO 【13】
   LIST 编辑，姓名，职称，基本工资,【14】实发工资。

14. 在 Visual FoxPro 中，数据库表 S 中的通用型字段的内容将存储在【15】文件中。

第 10 套

一、选择题

下列各题 A、B、C、D 四个选项中，只有一个选项是正确的，请将正确选项涂写在答题卡相应位置上，答在试卷上不得分。

1. 下列选项中不符合良好程序设计风格的是（   ）。
   A. 源程序要文档化
   B. 数据说明的次序要规范化
   C. 避免滥用 goto 语句
   D. 模块设计要保证高耦合、高内聚

2. 希尔排序属于（   ）。
   A. 交换排序
   B. 归并排序
   C. 选择排序
   D. 插入排序

3. 程序设计语言的工程特性之一为（   ）。
   A. 软件的可重用性
   B. 数据结构的描述性
   C. 抽象类型的描述性
   D. 数据库的易操作性

4. 对下列二叉树

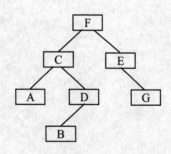

进行中序遍历的结果是（   ）。
   A. ACBDFEG
   B. ACBDFGE
   C. ABDCGEF
   D. FCADBEG

5. 下列叙述中，不属于数据库系统的是（   ）。
   A. 数据库
   B. 数据库管理系统
   C. 数据库管理员
   D. 数据库应用系统

6. 数据的逻辑结构是指（   ）。

A. 存储在外存中的数据   B. 数据所占的存储空间量

C. 数据元素之间的逻辑关系   D. 数据的逻辑结构在计算机中的表示

7. 在数据库系统中，用户所见的数据模式为（   ）。

    A. 概念模式   B. 外模式

    C. 内模式   D. 物理模式

8. 在关系数据库中，用来组织索引结构联系的是（   ）。

    A. 树形结构   B. 网状结构

    C. 线性表   D. 二维表

9. 检查模块是否正确的组合在一起的过程称为（   ）。

    A. 确认测试   B. 集成测试

    C. 验证测试   D. 验收测试

10. 下列数据结构中不属于线性存储结构的是（   ）。

    A. 顺序表   B. 栈

    C. 队列   D. 链表

11. 用于存储内存变量的文件扩展名为（   ）。

    A. .FPT   B. .PRG

    C. .CDX   D. .MEM

12. SQL 查询语句中，（   ）短语用于实现关系的投影操作。

    A. WHERE   B. SELECT

    C. FROM   D. GROUP BY

13. 新创建的表单默认标题为" Form1"，为把表单标题改变为"欢迎"，应设置表单的（   ）。

    A. Name 属性   B. Caption 属性

    C. Closable 属性   D. AlwaysOnTop 属性

14. 以下关于空值（NULL）叙述正确的是（   ）。

    A. 空值等同于空字符串   B. 空值表示字段或变量还没有确定值

    C. VFP 不支持空值   D. 空值等同于数值 0

15. 在 Visual FoxPro 中，可以用 DO 命令执行的文件不包括（   ）。

    A. PRG 文件   B. MPR 文件

    C. FRX 文件   D. QPR 文件

16. 若要恢复用 DELETE 命令加上删除标记的记录，应该使用（   ）。

A. RECALL 命令   B. 按 ESC 键

C. RELEASE 命令   D. ROUND 命令

17. 下列关系表达式中，运算结果为逻辑真.T. 的是（   ）。

    A. ″副教授″$″教授″   B. 3＋5 #2＊4

    C. ″计算机″<>″计算机世界″   D. 2004/05/01＝＝CTOD（″04/01/03″）

18. 在当前工作区已经打开选课数据库表，其中包括课程号字段、学号字段、成绩字段。不同的记录分别有重复的课程号或重复的学号。要使用 COUNT 命令计算有学生选修的课程门数，应在执行 COUNT 命令之前使用命令（   ）。

    A. INDEX ON 学号 TO GG

    B. INDEX ON 课程号 TO GG

    C. INDEX ON 学号 TO GG UNIQUE

    D. INDEX ON 课程号 TO GG UNIQUE

19. 查询设计器中"联接"选项卡对应的 SQL 短语是（   ）。

    A. WHERE   B. JOIN

    C. SET   D. ORDER BY

20. 设当前数据库表有 9 条记录，在下列三种情况下：当前记录号为 2 时；EOF（）为真时，BOF（）为真时，命令？RECNO（）的屏显结果分别是（   ）。

    A. 2，10，1   B. 1，9，1

    C. 1，11，2   D. 1，10，1

21. 在下面的 Visual FoxPro 表达式中，运算结果不为逻辑真的是（   ）。

    A. EMPTY(SPACE(0))   B. LIKE('xy*', 'xyz')

    C. AT('xy', 'abcxyz')   D. ISNULL(.NULL.)

22. 表中有一个字段名为 NAME，内存中有一个同名的内存变量 NAME，执行命令？NAME 后，显示的是（   ）。

    A. 内存变量的值   B. 字段变量的值

    C. 随机显示变量的值   D. 出错

23. 执行下列命令后，显示的结果是（   ）。

    X＝50

    Y＝100

    Z＝″X＋Y″

    ? 50＋ &Z

    A. 50＋ &Z   B. 50＋X＋Y

    C. 200   D. 数据类型不匹配

24. 执行 STORE "1999 年 12 月庆祝澳门回归祖国！" TO　XY　命令之后，要在屏幕上显示 "澳门 1999 年 12 月回归祖国！"，应使用命令（　　　）。

A．？SUBSTR（XY，11,2）+SUBSTR（XY，1,8）+SUBSTR（XY，4）

B．？SUBSTR（XY，15,4）+LEFT（XY，1,10）+RIGHT（XY，19）

C．？SUBSTR（XY，15,4）+LEFT（XY，10）+RIGHT（XY，8）

D．？SUBSTR（XY，15,4）+LEFT（XY，10）+RIGHT（XY，19,10）

25. 有关控件对象的 Click 事件的正确叙述是（　　　）。

A．用鼠标双击对象时引发
B．用鼠标单击对象时引发

C．用鼠标右键单击对象时引发
D．用鼠标右键双击对象时引发

26. 在 SQL 语句中用于分组的短语是（　　　）。

A．MODIFY
B．ORDER BY

C．GROUP BY
D．SUM

27. 下列程序段的输出结果是（　　　）。

ACCEPT TO A

IF A=[123456]

　　S=0

ENDIF

S=1

?S

RETURN

A．0
B．1

C．由 A 的值决定
D．程序出错

28. 下列日期表达式错误的是（　　　）。

A．（~2004/03/09）＋15
B．（~2004/02/25）+date（　）

C．（~2004/03/09）－15
D．（2004/02/25^）－date（　）

29. 在 Visual FoxPro 中，可以对字段设置默认值的表是（　　　）。

A．自由表
B．数据库表

C．自由表或数据库表
D．都不能设置

30. 以下关于查询描述正确的是（　　　）。

A．不能根据自由表建立查询
B．只能根据自由表建立查询

C．只能根据数据库表建立查询
D．可以根据数据库表和自由表建立查询

31. 在 Visual FoxPro 中，以下有关 SQL 的 SELECT 语句的叙述中，错误的是（　　　）。

A．SELECT 子句中可以包含表中的列和表达式

B. SELECT 子句中可以使用别名

C. SELECT 子句规定了结果集中的列顺序

D. SELECT 子句中列的顺序应该与表中列的顺序一致

32～35 题将用到下面的表：

"STUDENT" 表：

学号（C,4）	姓名（C,6）	性别（C,2）	年龄（N,2）
9801	王乐	男	21
9802	王小红	女	20
9803	黄诚	男	21

"SCORE" 表：

学号（C,4）	课程号（C,2）	成绩（N,3,0）
9801	01	90
9801	03	89
9802	02	78
9802	03	95
9803	01	67
9803	03	85

"COURSE" 表：

课程号（C,2）	课程名（C,10）	学时数（N,3,0）
01	数学	180
02	英语	200
03	计算机	150

32. 将"STUDENT"表中"性别"为男的学生的"年龄"加 1，哪个选项能完成此功能（　　）。

A. SEIECT 年龄＋1 FROM STUDENT WHERE 性别＝"男"

B. ALTER STUDENT 年龄 WITH 年龄＋1 WHERE 性别＝"男"

C. UPDATE STUDENT SET 年龄＝年龄＋1 WHERE 性别＝"男"

D. UPDATE STUDENT 年龄 WITH 年龄＋1 WHERE 性别＝"男"

33. 列出成绩最高的学生姓名、性别、年龄、课程名和成绩，使用 SQL 语句（　　）。

A. SELECT 姓名，性别，年龄，课程名，MAX（成绩）FROM STUDENT，COURSE，SCORE

B. SELECT 姓名，性别，年龄，课程名，成绩 FROM STUDENT，COURSE，SCORE WHERE 成绩＝MAX（成绩）

C. SELECT 姓名，性别，年龄，课程名，成绩 FROM STUDENT，COURSE，SCORE WhERE 成绩＝MAX（成绩） AND A.学号＝ B.学号 AND B.课程号＝ C.课程号

— 74 —

D. SELECT 姓名，性别，年龄，课程名，成绩 FROM STUDENT A,COURSE B, SCORE C ,WHERE A.学号＝B.学号 AND B.课程号＝ C.课程号 AND C.成绩＝（SELECT MAX（C.成绩） FROM SCORE）

34. SQL 语句：

SELECT 姓名 FROM STUDENT WHERE 性别＝"男" INTO ARRAY A

执行后，数组 A 中数组元素的值是（ ）。

A. A［1］的内容为王乐   B. A［1］的内容为黄诚

C. A［0］的内容为黄诚   D. A［0］的内容为王小红

35. 求选修英语课程的学生的平均成绩，SQL 语句是（ ）。

A. SELECT 课程名，AVG（成绩） FROM COURSE, SCORE WHERE 课程名＝″英语″

B. SELET 课程名，AVG 成绩） FROM COURSE, SCORE WHERE 课程名＝″英语″ AND COURSE. 课程号＝SCORE.课程号

C. SELECT 课程名，AVG（成绩） FROM COURSE, SCORE WHERE COURSE.课程号＝SCORE.课程号 AND 课程名＝″英语″ GROUP BY 课程名

D. SELECT 课程名，AVG（成绩） FROM COURSE, SCORE WhERE COURSE.课程号＝SCORE.课程号 GROUP BY 课程名 HAVING 课程名＝″英语″

二、填空题

请将每一个空的正确答案写在答题卡【1】～【15】序号的横线上，答在试卷上不得分。

1. 在深度为 5 的完全二叉树中，度为 2 的结点数最多为 【1】。

2. 在算法正确的前提下，评价一个算法的两个标准是【2】。

3. 软件生命周期包括 8 个阶段。为了使各时期的任务更明确，又可分为 3 个时期：软件定义期、软件开发期、软件维护期。编码和测试属于【3】期。

4. 程序文件的编译错误分为语法错误和【4】两类。

5. 耦合和内聚是评价模块独立性的两个主要标准，其中【5】反映了模块内各成分之间的联系。

6. 当记录指针指向最后一个记录时，测试函数 EOF()的返回值是【6】。

7. 在奥运会游泳比赛中，一个游泳运动员可以参加多项比赛，一个游泳比赛项目可以有多个运动员参加，游泳运动员与游泳比赛项目两个实体之间的联系是【7】联系。

8. 设 STUDENT.DBF 数据库表中共有 100 条记录，执行如下命令序列：

USE   STUDENT
GOTO   10
DISPLAY   ALL
? RECNO（）

执行最后一条命令后，屏幕显示的值是【8】。

9. 数据库管理系统对数据库运行的控制主要通过数据的安全性、完整性、故障恢复和【9】 四方面实现。

10. 如果当前表中没有记录，则函数 EOF( )、BOF( )和 RECNO( )的值依次是【10】。

11. 在 SQL 的嵌套查询中，量词 ANY 和【11】是同义词。在 SQL 查询时，使用【12】子句指出的是查询条件。

12. 在 Visual FoxPro 中，使用 SQL 的 CREATE TABLE 语句建立数据库表时，使用【13】子句说明有效性规则（域完整性规则或字段取值范围）。

13. SQL 中删除表的命令是【14】，完成插入功能的命令是【15】。

第 11 套

一、选择题

下列各题 A、B、C、D 四个选项中，只有一个选项是正确的，请将正确选项涂写在答题卡相应位置上，答在试卷上不得分。

1. 对于算法的每一步，指令必须是可执行的。算法的（　　）要求算法在有限步骤之后能够达到预期的目的。
   A. 可行性
   B. 有穷性
   C. 正确性
   D. 确定性

2. 下列叙述中错误的是（　　）。
   A. 一种数据的逻辑结构可以有多种存储结构
   B. 数据的存储结构与数据处理的效率无关
   C. 数据的存储结构与数据处理的效率密切相关
   D. 数据的存储结构在计算机中所占的空间不一定是连续的

3. 在结构化程序设计方法中，下面内聚性最弱的是（　　）。
   A. 逻辑内聚
   B. 时间内聚
   C. 偶然内聚
   D. 过程内聚

4. 最简单的交换排序方法是（　　）。
   A. 快速排序
   B. 选择排序
   C. 堆排序
   D. 冒泡排序

5. 在深度为 7 的满二叉树中，叶子结点的个数为（　　）。
   A. 32
   B. 31
   C. 64
   D. 63

6. 在结构化方法中，软件功能分解属于下列软件开发中的阶段是（　　）。
   A. 详细设计
   B. 需求分析
   C. 总体设计
   D. 编程调试

7. 结构化程序设计的主要特征是（　　）。
   A. 封装和数据隐藏
   B. 继承和重用

C. 数据和处理数据的过程分离

D. 把数据和处理数据的过程看成一个整体

8. 在数据库管理系统的层次结构中，处于最上层的是（　　）。

    A. 应用层   B. 语言翻译处理层

    C. 数据存取层   D. 数据存储层

9. 概要设计是软件系统结构的总体设计，以下选项中不属于概要设计的是（　　）。

    A. 把软件划分成模块   B. 确定模块之间的调用关系

    C. 确定各个模块的功能   D. 设计每个模块的伪代码

10. 数据库关系模型中可以有三类完整性约束，下列选项中不属于三类完整性约束的是（　　）。

    A. 实体完整性规则   B. 参照完整性规则

    C. 对象完整性规则   D. 用户自定义完整性规则

11. 在 Visual FoxPro 中，表结构中的逻辑型、通用型、日期型字段的宽度由系统自动给出，它们分别为（　　）。

    A. 1、4、8   B. 4、4、10

    C. 1、10、8   D. 2、8、8

12. 在 Visual FoxPro 中说明数组的命令是（　　）。

    A. DIMENSION 和 ARRAY   B. DECLARE 和 ARRAY

    C. DIMENSION 和 DECLARE   D. 只有 DIMENSION

13. 表格控件的数据源可以是（　　）。

    A. 视图   B. 表

    C. SQL SELECT 语句   D. 以上三种都可以

14. 在使用项目管理器时，如果要移去一个文件，在对话中框中选择"移去"按钮，系统将会把所选择的文件移走。请问被移走的文件，将会（　　）。

    A. 被保留在原目录中

    B. 不被保留在原目录中

    C. 将被从磁盘上删除

    D. 可能被保留在原来的目录中，也可能被保留在其他目录中

15. 用 CREATE MENU TEST 命令进入"菜单设计器"窗口建立菜单时，存盘后将会在磁盘上出现（　　）。

    A. TEST.MPR 和 TEST.MNT   B. TEST.MNX 和 TEST.MNT

    C. TEST.MPX 和 TEST.MPR   D. TEST.MNX 和 TEST.MPR

16. 在一个子程序中定义的内存变量，如果不希望影响上一级程序中的内存变量，只希望在本程序和下一级调用的子程序中使用，则定义该变量的命令是（　　　）。

A. PAIVATE B. INT

C. PUBLIC D. LOCAL

17. 在 Visual FoxPro 中，相当于主关键字的索引是（　　　）。

A. 主索引 B. 普通索引

C. 惟一索引 D. 排序索引

18. 不带索引文件名 SET INDEX TO 命令的作用是（　　　）。

A. 关闭索引文件 B. 打开所有的索引文件

C. 删除索引文件 D. 重新建立索引文件

19. 设 X="11",Y="1122"，下列表达式结果为假的是（　　　）。

A. NOT(X==Y)AND (X$Y) B. NOT(X$Y)OR (X<>Y)

C. NOT(X>=Y) D. NOT(X$Y)

20. 下列选项中错误的是（　　　）。

A. 数组可用 Dimension 和 Declare 来定义 B. VFP 中没有三维数组

C. VFP 中数组各元素缺省值为 0 D. VFP 中最多可有 65000 个数组

21. 数据库文件成绩.DBF 共有 10 条记录，当前记录号为 5，用 SUM 命令计算成绩总和，如果不给出范围短句，那么命令（　　　）。

A. 计算后 5 条记录成绩之和 B. 计算后 6 条记录成绩之和

C. 只计算当前记录成绩 D. 计算全部记录成绩之和

22. 语句"DELETE FROM 成绩表 WHERE 计算机<60"的功能是（　　　）。

A. 物理删除成绩表中计算机成绩在 60 分以下的学生记录

B. 物理删除成绩表中计算机成绩在 60 分以上的学生记录

C. 逻辑删除成绩表中计算机成绩在 60 分以下的学生记录

D. 将计算机成绩低于 60 分的字段值删除，但保留记录中其他字段值

23. 在 Visual FoxPro 中，关于过程调用的叙述正确的是（　　　）。

A. 当实参的数量少于形参的数量时，多余的形参初值取逻辑假

B. 当实参的数量多于形参的数量时，多余的实参被忽略

C. 实参与形参的数量必须相等

D. 上面 A 和 B 都正确

24. 依据 PEO.DGF 中的字段名 NAME 制作一个单一的关键字索引文件 NAME1.IDX，填出下列程序段所缺内容（　　　）。

```
CLOSE ALL
USE PEO
LIST
_____
LIST
```
   A. USE INDEX ON NAME FOR NAME1   B. USE INDEX ON NAME1

   C. INDEX ON NAME WITH NAME1   D. INDEX ON NAME TO NAME1

25. "图书"表中有字符型字段"图书号"。要求用 SQL DELETE 命令将图书号以字母 A 开头的图书记录全部打上删除标记，正确的命令是（   ）。

   A. DELETE FROM 图书 FOR 图书号 LIKE "A%"

   B. DELETE FROM 图书 WHILE 图书号 LIKE "A%"

   C. DELETE FROM 图书 WHERE 图书号="A*"

   D. DELETE FROM 图书 WHERE 图书号 LIKE "A%"

26. 可使程序单步执行的命令是（   ）。

   A. SET ESCAPE ON   B. SET DEBUG ON

   C. SET SETP ON   D. SET TALK ON

27. 设字段变量 JOB 是字符型，PAY 是数值型，分别存放职务和工资的信息。要想表达"职务是教授且工资大于 2000"这个命题，其表达式正确的是（   ）。

   A. JOB＝教授.AND.PAY＞2000.00   B. JOB＝″教授″.AND.PAY＞2000.00

   C. JOB＝″教授″.OR.PAY＞2000.00   D. JOB＝教授.OR.PAY＞2000.00

28. 一个 Visual FoxPro 过程化程序，从功能上可将其分为（   ）。

   A. 程序说明部分、数据处理部分、控制返回部分

   B. 环境保存与设置部分、功能实现部分、环境恢复部分

   C. 程序说明部分、数据处理部分、环境恢复部分

   D. 数据处理部分、控制返回部分、功能实现部分

29. 使用 SQL 语句从表 STUDENT 中查询所有姓王的同学的信息，正确的命令是（   ）。

   A. SELECT * FROM STUDENT WHERE LEFT(姓名,2)="王"

   B. SELECT * FROM STUDENT WHERE RIGHT(姓名,2)="王"

   C. SELECT * FROM STUDENT WHERE TRIM(姓名,2)="王"

   D. SELECT * FROM STUDENT WHERE STR(姓名,2)="王"

30. 下列命令中，不能用做连编命令的是（   ）。

   A. BUILD PROJECT   B. BUILD FORM

   C. BUILD EXE   D. BUILD APP

31. 假设"订单"表中有订单号、职员号、客户号和金额字段，正确的 SQL 语句只能是（　　）。

  A. SELECT 职员号 FROM 订单
     GROUP BY 职员号 HAVING COUNT(*)>3 AND AVG_金额>200

  B. SELECT 职员号 FROM 订单
     GROUP BY 职员号 HAVING COUNT(*)>3 AND AVG(金额)>200

  C. SELECT 职员号 FROM 订单
     GROUP BY 职员号 HAVING COUNT(*)>3 WHERE AVG(金额)>200

  D. SELECT 职员号 FROM 订单
     GROUP BY 职员号 WHERE COUNT(*)>3 AND AVG_金额>200

32. 职工.dbf 中有姓名、出生日期等字段，要列出所有 1980 年出生的职工名单，应使用的命令是（　　）。

  A. LIST 姓名 FOR 出生日期=1980

  B. LIST 姓名 FOR 出生日期="1980"

  C. LIST 姓名 FOR YEAR(出生日期)=1980

  D. LIST 姓名 FOR YEAR("出生日期")=1980

33. 将 COURSE 表的"课程号"字段定义为候选索引（索引的名字为 KCH），使用 SQL 语句（　　）。

  A. CREATE TABLE COUSE ADD UNIQUE 课程号 TAG KCH

  B. ALTER TABLE COURSE ADD UNIQUE 课程号 TAG KCH

  C. INDEX TABLE COURSE ADD UNIQUE 课程号 TAG KCH

  D. INDEX ON 课程号 TAG KCH

34. 在学生选课表（SC）中，查询选修了 3 号课程的学生学号（XH）及成绩（GD）。查询结果按成绩降序排列。实现该功能的 SQL 语句是（　　）。

  A. SELECT XH，GD FROM SC WHERE CH＝″3″ ORDER BY GD DESC

  B. SELECT XH，GD FROM SC WHERE CH＝″3″ ORDER BY GD ASC

  C. SELECT XH，GD FROM SC WHERE CH＝″3″ GROUP BY GD DESC

  D. SELECT XH，GD FROM SC WHERE CH＝″3″ GROUP BY GD ASC

35. 以下关于表单数据环境的叙述，错误的是（　　）。

  A. 可以向表单数据环境设计器中添加表或视图

  B. 可以从表单数据环境设计器中移出表或视图

  C. 可以在表单数据环境设计器中设置表之间的联系

  D. 不可以在表单数据环境设计器中设置表之间的联系

二、填空题

请将每一个空的正确答案写在答题卡【1】～【15】序号的横线上，答在试卷上不得分。

1. 汇编程序的功能是将汇编语言所编写的源程序翻译成由【1】组成的目标程序。

2. 在面向对象方法中，类之间共享属性和操作的机制称为【2】。

3. 若按功能划分，软件测试的方法通常分为白盒测试方法和【3】测试方法。

4. 数据的逻辑结构有线性结构【4】两大类。

5. 【5】是一种信息隐蔽技术，目的在于将对象的使用者和对象的设计者分开。

6. 为使日期型数据能够显示世纪(即年为4位)，应该使用命令 SET　【6】　ON。

7. 索引能够确定表中记录的【7】顺序，而不改变表中记录的【8】顺序。

8. SQL 插入记录的命令是 INSERT，删除记录的命令是【9】，修改记录的命令是【10】　。

9. 设 A＝″7″，则? TYPE（″&A＋8″）的结果是【11】。

10. 在 Visual FoxPro 中，如果要改变表单上表格对象中当前显示的列数，应设置表格的【12】属性值。

11. 2002 年 9 月 26 日用严格的日期格式可以表示为【13】。

12. 把当前表当前记录的学号、姓名字段值复制到数组 A 的命令是 SCATTER FIELD 学号，姓名【14】　。

13. 要退出 VFP，除了使用退出 Windows 应用程序的方法外，还可以在命令窗口中执行【15】命令。

第 12 套

一、选择题

下列各题 A、B、C、D 四个选项中，只有一个选项是正确的，请将正确选项涂写在答题卡相应位置上，答在试卷上不得分。

1. 下列叙述中正确的是（　　）。
   A. 软件测试应该由程序开发者来完成　　　　B. 程序经调试后一般不需要再测试
   C. 软件维护只包括对程序代码的维护　　　　D. 以上三种说法都不对

2. 设树 T 的度为 4，其中度为 1，2，3，4 的结点个数分别为 4，2，1，1。则 T 中的叶子结点数为（　　）。
   A. 5　　　　　　　　　　　　　　　　　　B. 6
   C. 7　　　　　　　　　　　　　　　　　　D. 8

3. 软件开发模型包括（　　）。
   I、瀑布模型　　　II、扇形模型　　　III、快速原型法模型　　　IV、螺旋模型
   A. I、II、III　　　　　　　　　　　　　　B. I、II、IV
   C. I、III、IV　　　　　　　　　　　　　　D. II、III、IV

4. 关系数据模型通常由三部分组成，它们是（　　）。
   A. 数据结构、数据通信、关系操作　　　　　B. 数据结构、关系操作、完整性约束
   C. 数据通信、关系操作、完整性约束　　　　D. 数据结构、数据通信、完整性约束

5. 算法是一种（　　）。
   A. 加工方法　　　　　　　　　　　　　　　B. 解题方案的准确而完整的描述
   C. 排序方法　　　　　　　　　　　　　　　D. 查询方法

6. 下列数据结构中，按先进后出原则组织数据的是（　　）。
   A. 线性链表　　　　　　　　　　　　　　　B. 栈
   C. 循环链表　　　　　　　　　　　　　　　D. 顺序表

7. 数据库 DB、数据库系统 DBS、数据库管理系统 DBMS 之间的关系是（　　）。
   A. DB 包含 DBS 和 DBMS　　　　　　　　　B. DBMS 包含 DB 和 DBS
   C. DBS 包含 DB 和 DBMS　　　　　　　　　D. 没有任何关系

8. 用树形结构来表示实体之间联系的模型称为（　　　）。
   A. 关系模型　　　　　　　　　　　　　B. 层次模型
   C. 网状模型　　　　　　　　　　　　　D. 数据模型

9. 把实体—联系模型转换为关系模型时，实体之间多对多关系在关系模型中是通过（　　　）。
   A. 建立新的属性来实现　　　　　　　　B. 建立新的关键字来实现
   C. 建立新的关系来实现　　　　　　　　D. 建立新的实体来实现

10. 如果进栈序列为 e1，e2，e3，e4，则可能的出栈序列是（　　　）。
    A. e3，e1，e4，e2　　　　　　　　　　B. e2，e4，e3，e1
    C. e3，e4，e1，e2　　　　　　　　　　D. 任意顺序

11. 在文件管理系统中，（　　　）。
    A. 文件内部数据之间有联系，文件之间没有任何联系
    B. 文件内部数据之间有联系，文件之间有联系
    C. 文件内部数据之间没有联系，文件之间没有任何联系
    D. 文件内部数据之间没有联系，文件之间有联系

12. 用命令"INDEX on 姓名 TAG index_name"建立索引，其索引类型是（　　　）。
    A. 主索引　　　　　　　　　　　　　　B. 候选索引
    C. 普通索引　　　　　　　　　　　　　D. 惟一索引

13. 下面有关 HAVING 的描述错误的是（　　　）。
    A. HAVING 子句必须与 GROUP BY 子句同时使用，不能单独使用
    B. 使用 HAVING 子句的同时不能使用 WHERE 子句
    C. 使用 HAVING 子句的同时可以使用 WHERE 子句
    D. 使用 HAVING 子句的作用是限定分组的条件

14. 数据库系统中对数据库进行管理的核心软件是（　　　）。
    A. DBMS　　　　　　　　　　　　　　B. DB
    C. OS　　　　　　　　　　　　　　　　D. DBS

15. 运算结果是字符串"book"的表达式是（　　　）。
    A. LEFT（"mybook"，4）　　　　　　　B. RIGHT（"bookgood"，4）
    C. SUBSTR（"mybookgood"，4，4）　　　D. SUBSTR（"mybookgood"，3，4）

16. 表单的 Caption 属性用于（　　　）。
    A. 指定表单执行的程序　　　　　　　　B. 指定表单的标题
    C. 指定表单是否可用　　　　　　　　　D. 指定表单是否可见

17. 两表之间"临时性"联系称为关联，在两个表之间的关联已经建立的情况下，有关"关联"的正确叙述是（　　　）。

    A. 建立关联的两个表一定在同一个数据库中

    B. 两表之间"临时性"联系是建立在两表之间"永久性"联系基础之上的

    C. 当父表记录指针移动时，子表记录指针按一定的规则跟随移动

    D. 当关闭父表时，子表自动被关闭

18. 下列关于过程调用的叙述中，正确的是（　　　）。

    A. 被传递的参数是变量，则为引用方式

    B. 被传递的参数是常量，则为传值方式

    C. 被传递的参数是表达式，则为传值方式

    D. 传值方式中形参变量值的改变不会影响实参变量的取值，引用方式则刚好相反

19. 下列关于报表带区及其作用的叙述，错误的是（　　　）

    A. 对于"标题"带区，系统只在报表开始时打印一次该带区所包含的内容

    B. 对于"页标头"带区，系统只打印一次该带区所包含的内容

    C. 对于"细节"带区，每条记录的内容只打印一次

    D. 对于"组标头"带区，系统将在数据分组时每组打印一次该内容

20. 在 Visual FoxPro 中，如果希望跳出 SCAN…ENDSCAN 循环体，执行 ENDSCAN 后面的语句，应使用（　　　）。

    A. LOOP 语句　　　　　　　　　　B. EXIT 语句

    C. BREAK 语句　　　　　　　　　 D. RETURN 语句

21. 下面的说法中正确的是（　　　）。

    A. 在 Visual FoxPro 中使用一个普通变量之前要先声明或定义

    B. 在 Visual FoxPro 中数组的各个数据元素的数据类型可以不同

    C. 定义数组以后，系统为数组的每个数据元素赋以数值 0

    D. 数组的下标下限是 0

22. 对于图书管理数据库存，

    图书（总编号 C（6），分类号 C（8），书名 C（16），作者 C（6），出版单位 C（20），单价 N（6，2））

    读者（借书证号 C（4），单位 C（8），姓名 C（6），性别 C（2），职称 C（6），地址 C（20））

    借阅（借书证号 C（4），总编号 C（6），借书日期 D（8））

    为单价属性增加有效性规则（单价大于等于 0）和出错提示信息（单价应该大于等于 0！）。

        下面 SQL 语句正确的是（　　　）。

    ALTER TABLE 图书 ALTER 单价;

    A. WHERE 单价>=0 ERROR"单价应该大于等于 0！"

B.　SET CHECK　单价>=0 ERROE"单价应该大于等于 0！"

C.　IF　单价<0 THEN"单价应该大于等于 0！"

D.　CHECK　单价>=0 ERROR"单价应该大于等于 0！"

23.　用 SQL 语句建立表时为属性定义主关键字，应在 SQL 语句中使用短语（　　）。

A.　DEFAULT　　　　　　　　　　　　B.　PRIMARY KEY

C.　CHECK　　　　　　　　　　　　　D.　UNIQUE

24.　执行下列一组命令之后，选择"职工"表所在工作区的错误命令是（　　）。

CLOSE ALL

USE　仓库　IN 0

USE　职工　IN 0

A.　SELECT　职工　　　　　　　　　B.　SELECT　0

C.　SELECT　2　　　　　　　　　　　D.　SELECT　B

25.　参照完整性规则包括更新规则、删除规则和插入规则。删除规则中选择"级联"的含义是：当删除父表中的记录时（　　）。

A.　系统自动备份父表中被删除记录到一个新表

B.　若子表中有相关记录，则禁止删除父表中记录

C.　会自动删除子表中所有相关记录

D.　不做参照完整性检查，删除父表记录与子表无关

26.　在 Visual FoxPro 中，删除数据库表 S 的 SQL 命令是（　　）。

A.　DROP TABLE S　　　　　　　　　B.　DELETE TABLE S

C.　DELETE TABLE S.DBF　　　　　　D.　ERASE TABLE S

27.　依据 PEO.DBF 中的字段名 NAME 制作一个单一的关键字索引文件 NAME1.IDX，填出下列程序段所缺内容（　　）。

CLOSE ALL

USE PEO

LIST

————

LIST

A.　USE INDEX ON NAME FOR NAME1　　B.　USE INDEX ON NAME1

C.　INDEX ON NAME WITH NAME1　　　D.　INDEX ON NAME TO NAME1

28.　在数据库设计器中，建立两个表之间的一对多联系是通过以下索引实现的（　　）。

A.　"一方"表的主索引或候选索引，"多方"表的普通索引

B.　"一方"表的主索引，"多方"表的普通索引或候选索引

C.　"一方"表的普通索引，"多方"表的主索引或候选索引

D. "一方"表的普通索引，"多方"表的候选索引或普通索引

29. 假设有菜单文件 mainmu.mnx，下列说法正确的是（　　　）。
   A. 在命令窗口利用 DO mainmu 命令，可运行该菜单文件
   B. 首先在菜单生成器中，将该文件生成可执行的菜单文件 mainmu.mpr，然后在命令窗口执行命令：DO mainmu.mpr 可运行该菜单文件
   C. 首先在菜单生成器中，将该文件生成可执行的菜单文件 mainmu.mpr，然后在命令窗口执行命令：DO mainmu.mpr 可运行该菜单文件
   D. 首先在菜单生成器中，将该文件生成可执行的菜单文件 mainmu.mpr，然后在命令窗口执行命令：DO MENU mainmu 可运行该菜单文件

30. 下列关于控件类和容器类的说法中，错误的是（　　　）。
   A. 控件类用于进行一种或多种相关的控制
   B. 控件类一般作为容器类中的控件来处理
   C. 控件类的封装性比容器类更加严密，灵活性更好
   D. 控件类必须作为一个整体来访问或处理，不能单独对其中的组件进行修改或操作

第 31~35 题使用如下表的数据：

部门表

部门号	部门名称
40	家用电器部
10	电视录摄像机部
20	电话手机部
30	计算机部

商品表

部门号	商品号	商品名称	单价	数量	产地
40	0101	A 牌电风扇	200.00	10	广东
40	0104	A 牌微波炉	350.00	10	广东
40	0105	B 牌微波炉	600.00	10	广东
20	1032	C 牌传真机	1000.00	20	上海
40	0107	D 牌微波炉_A	420.00	10	北京
20	0110	A 牌电话机	200.00	50	广东
20	0112	B 牌手机	2000.00	10	广东
40	0202	A 牌电冰箱	3000.00	2	广东
30	1041	B 牌计算机	6000.00	10	广东
30	0204	C 牌计算机	10000.00	10	上海

31. SQL 语句

    SELECT 部门号, MAX(单价*数量) FROM 商品表 GROUP BY 部门号

    查询结果有（　　）条记录。

    A. 1   B. 4

    C. 3   D. 10

32. SQL 语句

    SELECT 产地, COUNT(*)提供的商品种类数;

    FROM 商品表;

    WHERE 单价 > 200;

    GROUP BY 产地 HAVING COUNT(*)>=2;

    ORDER BY 2 DESC

    查询结果的第一条记录的产地和提供的商品种类数是（　　　）。

    A. 北京，1   B. 上海，2

    C. 广东，5   D. 广东，7

33. SQL 语句

    SELECT 部门表.部门号, 部门名称, SUM(单价*数量);

    FROM 部门表, 商品表;

    WHERE 部门表.部门号 = 商品表.部门号;

    GROUP BY 部门表.部门号

    查询结果是（　　）。

    A. 各部门商品数量合计   B. 各部门商品金额合计

    C. 所有商品金额合计   D. 各部门商品金额平均值

34. SQL 语句

    SELECT 部门表.部门号, 部门名称, 商品号, 商品名称, 单价;

    FROM 部门表, 商品表;

    WHERE 部门表.部门号 = 商品表.部门号;

    ORDER BY 部门表.部门号 DESC, 单价

    查询结果的第一条记录的商品号是（　　）。

    A. 0101   B. 0202

    C. 0110   D. 0112

35. SQL 语句

    SELECT 部门名称 FROM 部门表 WHERE 部门号 IN (SELECT 部门号;

    FROM 商品表 WHERE 单价 BETWEEN 420 AND 1000)

    查询结果是（　　）。

    A. 家用电器部、电话手机部   B. 家用电器部、计算机部

    C. 电话手机部、电视录摄像机部   D. 家用电器部、电视录摄像机部

二、填空题

请将每一个空的正确答案写在答题卡【1】～【15】序号的横线上，答在试卷上不得分。

1. 问题处理方案的正确而完整的描述称为【1】。

2. 按"先进后出"原则组织数据的数据结构是【2】。

3. 在结构化分析方法中，用于描述系统中所用到的全部数据和文件的文档称为【3】。

4. 利用继承能够实现【4】。这种实现缩短了程序的开发时间，促使开发人员复用已经测试和调试好的高质量软件。

5. 【5】是精确定义的一系列规则，它指出怎样从给定的输入信息经过有限步骤产生所求的输出信息。

6. 在 Visual FoxPro 中，数据库文件的扩展名是【6】，数据库表文件的扩展名是【7】。

7. 算法的基本特征是可行性、确定性、【8】和拥有足够的情报。

8. 可以在项目管理器的【9】选项卡下建立命令文件（程序）。

9. 结构化程序设计包含 3 种基本控制结构，其中 SCAN-ENDSCAN 语句属于【10】结构。

10. 函数 VAL('12ABC')的值是【11】。

11. 函数 BETWEEN(40,34,50)的运算结果是【12】。

12. 在 SQL SELECT 语句中，为了将查询结果存储到永久表应该使用【13】短语。

13. 可以伴随着表的打开而自动打开的索引文件是【14】文件。

14. 假设考生数据库表已经打开，数据库表中有年龄字段。现要统计年龄大于 40 岁的考生人数，并将结果存储于变量 M1 中，应该使用的完整命令是：【15】。

第 13 套

一、选择题

下列各题 A、B、C、D 四个选项中，只有一个选项是正确的，请将正确选项涂写在答题卡相应位置上，答在试卷上不得分。

1. 链表不具有的特点是（   ）。
   A．不必事先估计存储空间
   B．可随机访问任一元素
   C．插入删除不需要移动元素
   D．所需空间与线性表长度成正比

2. 算法分析的目的是（   ）。
   A．找出数据结构的合理性
   B．找出算法中输入和输出之间的关系
   C．分析算法的易懂性和可靠性
   D．分析算法的效率以求改进

3. 下列对于软件工程的基本原则描述中错误的是（   ）。
   A．选取适宜的开发模型
   B．采用合适的开发方法
   C．提供高质量的工程支持
   D．开发过程无需进行管理工作

4. 在深度为 7 的满二叉树中，非叶子结点的个数为（   ）。
   A．32
   B．31
   C．64
   D．63

5. 以下数据结构中不属于线性数据结构的是（   ）。
   A．队列
   B．线性表
   C．二叉树
   D．栈

6. 数据库设计的四个阶段是：需求分析、概念设计、逻辑设计和（   ）。
   A．编码设计
   B．测试阶段
   C．运行阶段
   D．物理设计

7. 模块独立性是软件模块化所提出的要求，衡量模块独立性的度量标准则是模块的（   ）。
   A．抽象和信息隐蔽
   B．局部化和封装化
   C．内聚性和耦合性
   D．激活机制和控制方法

8. 在软件生产过程中，需求信息的给出是（   ）。
   A．程序员
   B．项目管理者

C. 软件分析设计人员 D. 软件用户

9. 由两个栈共享一个存储空间的好处是（　　）。
   A. 减少存取时间，降低下溢发生的几率　B. 节省存储空间，降低上溢发生的几率
   C. 减少存取时间，降低上溢发生的几率　D. 节省存储空间，降低下溢发生的几率

10. 能将高级语言编写的源程序转换为目标程序的是(　　)。
    A. 链接程序 B. 解释程序
    C. 编译程序 D. 编辑程序

11. 已知数据表 RSDA.DBF 有 30 条记录，执行下列四条命令的结果是（　　）。
    USE　RSDA
    GO　BOTTOM
    SKIP -1
    LIST
    A. 显示最后一条记录 B. 显示第一条记录
    C. 显示倒数第二条记录 D. 显示所有记录

12. 在 DO WHEREE…ENDDO 循环结构中，LOOP 命令的作用是（　　）。
    A. 退出过程，返回程序开始处
    B. 转移到 DO WHILE 语句行，开始下一个判断和循环
    C. 终止循环，将控制转移到本循环结构 ENDDO 后面的第一条语句继续执行。
    D. 终止程序执行

13. 以下关于主索引和候选索引的叙述正确的是（　　）。
    A. 主索引和候选索引都能保证表记录的惟一性
    B. 主索引和候选索引都可以建立在数据库表和自由表上
    C. 主索引可以保证表记录的惟一性，而候选索引不能
    D. 主索引和候选索引是相同的概念

14. 数据库表文件有 30 条记录，当前记录是 20，执行命令 LIST NEXT 5 后，所显示记录号是（　　）。
    A. 21-25 B. 21-26
    C. 20-25 D. 20-24

15. 报表的数据源可以是（　　）。
    A. 表或视图 B. 表或查询
    C. 表、查询或视图 D. 表或其他报表

16. 下列关于变量的叙述中，不正确的一项是（　　）。

A. 变量值可以随时改变

B. 在 Visual FoxPro 中，变量分为字段变量和内存变量

C. 变量的类型决定变量值的类型

D. 在 Visual FoxPro 中，可以将不同类型的数据赋给同一个变量

17. 惟一索引的"惟一性"是指（　　）。

A. 字段值的"惟一"　　　　　　　　　B. 表达式的"惟一"

C. 索引项的"惟一"　　　　　　　　　D. 列属性的"惟一"

18. VFP6.0 是面向对象的编程工具，其优点有（　　）。

A. 程序一致性　　　　　　　　　　　B. 模块独立性

C. 可扩充性　　　　　　　　　　　　D. 以上都正确

19. 数据库表的字段可以定义规则，规则是（　　）。

A. 逻辑表达式　　　　　　　　　　　B. 字符表达式

C. 数值表达式　　　　　　　　　　　D. 前三种说法都不对

20. 设有变量 SR＝"2005 年第一次全国计算机等级考试"，可以输出字符串"2005 年第一次计算机等级考试"的命令是（　　）。

A. ？SR-"全国"

B. ？SUBSTR(SR,1,8)+SUBSTR(SR,11,7)

C. ？STR(SR,1,12)+STR(SR,17,14)

D. ？SUBSTR(SR,1,12)+RIGHT(SR,14)

21. 在下面的 Visual FoxPro 表达式中，运算结果为逻辑真的是（　　）。

A. EMPTY(.NULL.)　　　　　　　　　B. LIKE('xy?','xyz')

C. AT('xy','abcxyz')　　　　　　　　　D. ISNULL(SPACE(0))

22. 在下列函数中，函数值为数值的是（　　）。

A. AT（'人民', '中华人民共和国'）　　　B. CTOD（'01/01/96 '）

C. BOF（）　　　　　　　　　　　　D. SUBSTR（DTOC（DATE（）），7）

23. 假设职员表已在当前工作区打开，其当前记录的"姓名"字段值为"张三"（字符型，宽度为 6）。在命令窗口输入并执行如下命令：

姓名=姓名-"您好"

？姓名

那么主窗口中将显示（　　）。

A. 张三　　　　　　　　　　　　　　B. 张三　　您好

C. 张三您好　　　　　　　　　　　　D. 出错

24. 在 SQL 的数据定义功能中，下列命令格式可以用来修改表中字段名的是（　　）。

    A. CREATE TABLE 数据表名 NAME…

    B. ALTER TABLE 数据表名 ALTER 字段名…

    C. ALTER TABLE 数据表名 RENAME COLUMN 字段名 TO…

    D. ALTER TABLE 数据表名 ALTER 字段名 SET DEFAULT…

25. 在 Visual FoxPro 中，释放和关闭表单的方法是（　　）。

    A. RELEASE   B. CLOSE

    C. DELETE   D. DROP

26. 在 Visual FoxPro 中，要运行查询文件 queryl.qpr，可以使用命令（　　）。

    A. DO queryl   B. DO queryl.qpr

    C. DO QUERY queryl   D. RUN queryl

27～35 各题使用如下的数据：

stock.dbf

股票代码	股票名称	单价	交易所
600600	青岛啤酒	7.48	上海
600601	方正科技	15.20	上海
600602	广电电子	10.40	上海
600603	兴业房产	12.76	上海
600604	二纺机	9.96	上海
600605	轻工机械	14.59	上海
000001	深发展	7.48	深圳
000002	深万科	12.50	深圳

27. 执行如下 SQL 语句后（　　）。

SELECT* FROM stock INTO DBF stock ORDER BY 单价

    A. 系统会提示语句出错

    B. 会生成一个按"单价"升序排序的表文件，将原来的 stock.dbf 文件覆盖

    C. 会生成一个按"单价"降序排序的表文件，将原来的 stock.dbf 文件覆盖

    D. 不会生成排序文件，只在屏幕上显示一个按"单价"升序排序的结果

28. 与 SELECT * FROM stock WHERE 单价 BETWEEN 12.76 AND 15.20 等价的语句是（　　）。

    A. SELECT*FROM stock WHERE 单价<=15.20 AND 单价>=12.76

    B. SELECT*FROM stock WHERE 单价<15.20 AND 单价>12.76

    C. SELECT* FROM stock WHERE 单价>=15.20.AND.单价<=12.76

    D. SELECT*FROM stock WHERE 单价>15.20.AND.单价<12.76

29. 执行如下 SQL 语句的结果是（　　　）。

SELECT MAX（单价）　INTO ARRAY arr FROM stock

A. arr［1］内容为 15.20　　　　　　　B. arr［1］的内容为 6

C. arr［0］内容为 15.20　　　　　　　D. arr［0］的内容为 6

30. 将 stock 的字段股票名称的宽度由 8 改为 10，应使用 SQL 语句（　　　）。

A. ALTER TABLE stock 股票名称 WITH c（10）

B. ALTER TABLE stOCk 股票名称　c（10）

C. ALTER TABLE stock ALTER 股票名称　c（10）

D. ALTER stock ALTER 股票名称 c（10）

31. 使用如下 SQL 语句

CREATE VIEW stock view AS

SELECT* FROM stock temp WHERE 交易所＝"深圳"

建立的视图含有的记录个数是（　　　）。

A. 1　　　　　　　　　　　　　　　　B. 2

C. 3　　　　　　　　　　　　　　　　D. 4

32. 使用如下 SQL 语句

CREATE VIEW view　stock AS

SELECT 股票名称　AS 名称，单价 FROM stock

建立的视图含有的字段名是（　　　）。

A. 股票名称，单价　　　　　　　　　　B. 名称，单价

C. 名称，单价，交易所　　　　　　　　D. 股票名称，单价，交易所

33. 有如下 SQL 语句

SELECT DISTINCT 单价　FROM stock

WHERE 单价＝（SELECT MIN（单价）　FROM stock）　INTO DBF stock_x

执行该语句后，stock_x 中的记录个数是（　　　）。

A. 1　　　　　　　　　　　　　　　　B. 2

C. 3　　　　　　　　　　　　　　　　D. 4

34. 求每个交易所的平均单价的 SQL 语句是（　　　）。

A. SELECT 交易所，AVG（单价）　FROM stock GROUP BY 单价

B. SELECT 交易所，AVG（单价）　FROM stock ORDER BY 单价

C. SELECT 交易所，AVG（单价）　FROM stock ORDER BY 交易所

D. SELECT 交易所，AVG（单价）　FROM stock GROUP BY 交易所

35. 有如下 SQL 语句

SELECT 交易所，AVG（单价）　AS 均价 FROM stock

GROUP BY 交易所 INTO DBF temp

执行该语句以后，temp 表中第二条记录的均价字段的内容是（   ）。

A. 7.48   B. 9.99

C. 11.73   D. 15.20

二、填空题

请将每一个空的正确答案写在答题卡【1】～【15】序号的横线上，答在试卷上不得分。

1. 下列软件系统结构图

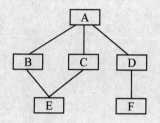

的宽度为【1】。

2. Jackson 方法是一种面向【2】的结构化方法。

3. 诊断和改正程序中错误的工作通常称为【3】。

4. 如果一个工人可管理多个设备，而一个设备只被一个工人管理，则实体"工人"与实体"设备"之间存在【4】关系。

5. 结构化程序设计方法的主要技术是【5】、逐步求精。

6. AT（″IS″，″THIS IS A BOOK″）的运算结果是【6】。

7. 在 SQL 语句中空值用 【7】 表示。

8. 以下程序的运行结果是【8】。

```
SET  TALK  OFF
X＝[23+17]
? X
```

9. 执行 DIMEMSION a（2，3）命令后，数组 a 的各数组元素的类型是【9】，值是【10】。

10. 自由表的字段名最长为【11】个字符，而数据库表的字段名最长为【12】个字符。

11. 在 Visual FoxPro 中，使用 SQL 语言的 ALTER TABLE 命令给学生表 STUDENT 增加一个 Email 字段，长度为 30，命令是（关键字必须拼写完整）。
ALTER TABLE STUDENT【13】Email C(30)

12. 用 SQL 语句实现将所有职工的工资提高 5%：
【14】教师【15】工资＝工资*1.05

第 14 套

一、选择题

下列各题 A、B、C、D 四个选项中，只有一个选项是正确的，请将正确选项涂写在答题卡相应位置上，答在试卷上不得分。

1. 下列关于栈的叙述正确的是（　　）。
   A. 在栈中只能插入数据
   B. 在栈中只能删除数据
   C. 栈是先进先出的线性表
   D. 栈是先进后出的线性表

2. 数据库、数据库系统和数据库管理系统之间的关系是（　　）。
   A. 数据库包括数据库系统和数据库管理系统
   B. 数据库系统包括数据库和数据库管理系统
   C. 数据库管理系统包括数据库和数据库系统
   D. 3 者没有明显的包含关系

3. 开发软件所需高成本和产品的低质量之间有着尖锐的矛盾，这种现象称做（　　）。
   A. 软件投机
   B. 软件危机
   C. 软件工程
   D. 软件产生

4. 数据结构作为计算机的一门学科，主要研究数据的逻辑结构、对各种数据结构进行的运算，以及（　　）。
   A. 数据的存储结构
   B. 计算方法
   C. 数据映象
   D. 逻辑存储

5. 以下不属于对象的基本特点的是（　　）。
   A. 分类性
   B. 多态性
   C. 继承性
   D. 封装性

6. 对于长度为 n 的线性表，在最坏情况下，下列各排序法所对应的比较次数中正确的是（　　）。
   A. 冒泡排序为 n/2
   B. 冒泡排序为 n
   C. 快速排序为 n
   D. 快速排序为 n(n-1)/2

7. 下列对于线性链表的描述中正确的是（　　）。
   A. 存储空间不一定连续，且各元素的存储顺序是任意的

B. 存储空间不一定连续，且前件元素一定存储在后件元素的前面

C. 存储空间必须连续，且前件元素一定存储在后件元素的前面

D. 存储空间必须连续，且各元素的存储顺序是任意的

8. 设有关键码序列（16，9，4，25，15，2，13，18，17，5，8，24），要按关键码值递增的次序排序，采用初始增量为 4 的希尔排序法，一趟扫描后的结果为（   ）。

    A.（15，2，4，18，16，5，8，24，17，9，13，25）

    B.（2，9，4，25，15，16，13，18，17，5，8，14）

    C.（9，4，16，15，2，13，18，17，5，8，24，15）

    D.（9，16，4，25，2，15，13，18，5，17，8，24）

9. 数据库模型提供了两个映像，它们的作用是（   ）。

    A. 控制数据的冗余   B. 实现数据的共享

    C. 使数据结构化   D. 实现数据独立性

10. 软件工程的理论和技术性研究的内容主要包括软件开发技术和（   ）。

    A. 消除软件危机   B. 软件工程管理

    C. 程序设计自动化   D. 实现软件可重用

11. 在 Visual FoxPro 中，以下叙述错误的是（   ）。

    A. 关系也被称作表   B. 数据库文件不存储用户数据

    C. 表文件的扩展名是.dbf   D. 多个表存储在一个物理文件中

12. 在 Visual FoxPro 中，关于查询正确的描述是（   ）。

    A. 查询是使用查询设计器对数据库进行操作

    B. 查询是使用查询设计器生成各种复杂的 SQL SELECT 语句

    C. 查询是使用查询设计器帮助用户编写 SQL SELECT 命令

    D. 使用查询设计器生成查询程序，与 SQL 语句无关

13. 表单文件的扩展名中（   ）为表单信息的数据库表文件。

    A. .SCX   B. .SCT

    C. .FRX   D. .DBT

14. SUBSTR("ABCDEF"，3，2)的结果是（   ）。

    A. AB   B. CD

    C. FE   D. CB

15. 数据库表的字段可以定义默认值，默认值是（   ）。

    A. 逻辑表达式   B. 字符表达式

    C. 数值表达式   D. 前三种都可能

16. 在关系模型中，实现"关系中不允许出现相同的元组"的约束是通过（　　）。
    A. 候选键　　　　　　　　　　　　　　B. 主键
    C. 外键　　　　　　　　　　　　　　　D. 超键

17. 不允许出现重复字段值的索引是（　　）。
    A. 候选索引和主索引　　　　　　　　　B. 普通索引和惟一索引
    C. 惟一索引和主索引　　　　　　　　　D. 惟一索引

18. 下列叙述正确的是（　　）。
    A. INPUT 语句只能接收字符串
    B. ACCEPT 命令只能接收字符串
    C. ACCEPT 语句可以接收任意类型的 VFP 表达式
    D. WAIT 只能接收一个字符，而必须按 ENTER 键

19. 在命令窗口中，可用 DO 命令运行菜单程序的扩展名为（　　）。
    A. FMT　　　　　　　　　　　　　　　B. MPR
    C. MNX　　　　　　　　　　　　　　　D. FRM

20. SQL 语句中条件短语的关键字是（　　）。
    A. WHILE　　　　　　　　　　　　　　B. FOR
    C. WHERE　　　　　　　　　　　　　　D. CONDITION

21. 根据"职工"项目文件生成 emp_sys.exe 应用程序的命令是（　　）。
    A. BUILD EXE emp_sys FROM 职工　　　B. BUILD APP emp_sys.exe FROM 职工
    C. LINK EXE emp_sys FROM 职工　　　 D. LINK APP emp_sys.exe FROM 职工

22. 执行下列语句后，显示的结果为（　　）。
    N=50
    M=200
    K="M+N"
    ? 1+&K
    A. 1+M+N　　　　　　　　　　　　　　B. 251
    C. 1+K　　　　　　　　　　　　　　　D. 数据类型不匹配

23. 打开数据库的命令是（　　）。
    A. USE　　　　　　　　　　　　　　　B. USE DATABASE
    C. OPEN　　　　　　　　　　　　　　　D. OPEN DATABASE

24. 在 Visual FoxPro 中，关于查询的正确叙述是（　　）。
    A. 查询与数据库表相同，用来存储数据

B. 可以从数据库表、视图和自由表中查询数据

C. 查询中的数据是可以更新的

D. 查询是从一个或多个数据库表中导出来为用户定制的虚拟表

25. 以下函数结果不是字符型数据的是（　　）。

    A. DTOC(DATE( ))   B. STR(YEAR(DATE( )))

    C. TTOC(DATETIME())   D. AT("1"，STR(123))

26. 数据库文件已打开而索引文件尚未打开时，打开索引文件的命令是（　　）。

    A. USE<索引文件名>   B. INDEX WITH<索引文件名>

    C. SET INDEX TO <索引文件名>   D. INDEX ON<索引文件名>

27. 在表单中为表格控件指定数据源的属性是（　　）。

    A. DataSource   B. RecordSource

    C. DataFrom   D. RecordFrom

28. 使用 SQL 语句向学生表 S(SNO,SN,AGE,SEX)中添加一条新记录，学号(SNO)、姓名(SN)、性别(SEX)、年龄(AGE)字段的值分别为 0401、王芳、女、18，正确命令是（　　）。

    A. APPEND INTO S(SNO，SN，SEX，AGE) VALUES ('0401', '王芳', '女', 18)

    B. APPEND S VALUES ('0401','王芳', 18, '女')

    C. INSERT INTO S (SNO，SN，SEX，AGE) VALUES ('0401', '王芳', '女', 18)

    D. INSERT S VALUES('0401', '王芳', 18, '女')

29. 在数据库设计器中，建立两个表间的一对多联系是通过以下（　　）实现的。

    A. "一方"表为主索引或候选索引，"多方"表为普通索引

    B. "一方"表为主索引，"多方"表为普通索引或候选索引

    C. "一方"表为普通索引，"多方"表为主索引或候选索引

    D. "一方"表为普通索引，"多方"表为普通索引或候选索引

30. SQL 语句中将查询结果存入数组中，应使用（　　）短语。

    A. INTO CURSOR   B. TO ARRAY

    C. INTO TABLE   D. INTO ARRAY

31. 已有学生基本情况表 S，为之增加一个地址属性，以下命令正确的是（　　）。

    A. ALTER TABLE S ADD 地址 VARCHAR（30）

    B. ALTER TABLE S ALTER 地址 VARCHAR（30）

    C. ALTER S ADD 地址 VARCHAR（30）

    D. ADD 地址 VARCHAR（30）IN S

第32～35题使用如下的设备表：

设备型号	设备名称	使用日期	设备数量	单价	使用部门	进口
W27-1	微机	01/10/03	1	143000.00	生产一间	T
W27-2	微机	02/06/03	2	98000.00	生产一间	F
C31-1	车床	03/30/03	2	138000.00	生产二间	T
C31-2	车床	04/05/03	2	97500.00	生产二间	T
M20-1	磨床	02/10/03	3	98000.00	生产二间	F
J18-1	轿车	05/07/03	2	156000.00	办公室	T
F15-1	复印机	02/01/03	2	8600.00	办公室	F

32. 从设备表中查询单价大于 100000 元的设备，并显示设备名称，正确的命令是（   ）。

A．SELECT 单价＞100000 FROM 设备表 FOR 设备名称

B．SELECT 设备名称 FROM 设备表 FOR 单价＞100000

C．SELECT 单价＞100000 FROM 设备表 WHERE 设备名称

D．SELECT 设备名称 FROM 设备表 WHERE 单价＞100000

33. 为设备表增加一个"设备总金额 N（10，2）"字段，正确的命令是（   ）。

A．ALTER TABLE 设备表 ADD FIELDS 设备总金额 N（10，2）

B．ALTER TABLE 设备表 ADD 设备总金额（10，2）

C．ALTER TABLE 设备表 ALTER FIELDS 设备总金额 N（10，2）

D．ALTER TABLE 设备表 ALTER 设备总金额 N（10，2）

34. 利用 SQL 数据更新功能，自动计算更新每个"设备总金额"字段的字段值，该字段值等于"单价 ＊ 设备数量"的值，正确命令为（   ）。

A．UPDATE 设备表 SET 设备总金额＝单价 ＊ 设备数量

B．UPDATE 设备表 FOR 设备总金额＝单价 ＊ 设备数量

C．UCPDATE 设备表 WITH 设备总金额＝单价 ＊ 设备数量

D．PDATE 设备表 WHERE 设备总金额＝单价 ＊ 设备数量

35. 有如下 SQL 语句：

SELECT 使用部门，SUM（单价＊ 设备数量）AS 总金额 FROM 设备表；

WHERE.NOT.（进口）；

GROUP BY 使用部门

执行该语句后，第一条记录的"总金额"字段值是（   ）。

A．196000.00 　　　　　　　　　　B．143000.00

C．294000.00 　　　　　　　　　　D．17200.00

二、填空题

请将每一个空的正确答案写在答题卡【1】～【15】序号的横线上，答在试卷上不得分。

1. 数据结构分为逻辑结构和存储结构，循环队列属于【1】结构。

2. 数据结构分为线性结构和非线性结构，带链的队列属于【2】。

3. 在关系数据库中，把数据表示成二维表，每一个二维表称为【3】。

4. 软件结构是以【4】为基础而组成的一种控制层次结构。

5. 程序测试分为静态分析和动态测试。其中【5】是指不执行程序，而只是对程序文本进行检查，通过阅读和讨论，分析和发现程序中的错误。

6. 数据是指存储在某一种媒体上能够识别的物理符号，它包括【6】和【7】。

7. 在 Visual FoxPro 中，可以使用【8】语句跳出 SCAN…ENDSCAN 循环体外执行 ENDSCAN 后面的语句。

8. 属性的取值范围称为域。在"职工"表中，字段"婚否"为逻辑型，它的域为【9】。

9. 数组在内存中的存储方式是：一维数组各元素按其下标由小到大的顺序存储，二维数组各元素【10】存储。

10. 若使用带 RANDOM 短语的 UPDATE 命令，用 A.DBF 中的数据对 B.DBF 的数据进行更新，必须按关键字段排序或数据库是【11】。

11. 在 Visual FoxPro 中，表单的 Load 事件发生在 Init 事件之【12】。

12. 通常，将软件产品从提出、实现、使用维护到停止使用退役的过程称为【13】。

13. 在 Visual FoxPro 中，使用 SQL 的 SELECT 语句将查询结果存储在一个临时表中，应该使用【14】子句。

14. 数据模型按不同应用层次分成 3 种类型，它们是概念数据模型、【15】和物理数据模型。

第 15 套

一、选择题

下列各题 A、B、C、D 四个选项中，只有一个选项是正确的，请将正确选项涂写在答题卡相应位置上，答在试卷上不得分。

1. 下列选项中不属于软件生命周期开发阶段任务的是（　　）。
   A. 软件测试
   B. 概要设计
   C. 软件维护
   D. 详细设计

2. 下列叙述中正确的是（　　）。
   A. 一个逻辑数据结构只能有一种存储结构
   B. 数据的逻辑结构属于线性结构，存储结构属于非线性结构
   C. 一个逻辑数据结构可以有多种存储结构，且各种存储结构不影响数据处理的效率
   D. 一个逻辑数据结构可以有多种存储结构，且各种存储结构影响数据处理的效率

3. 软件设计包括软件的结构、数据接口和过程设计，其中软件的过程设计是指（　　）。
   A. 模块间的关系
   B. 系统结构部件转换成软件的过程描述
   C. 软件层次结构
   D. 软件开发过程

4. 下列关于顺序存储结构叙述中错误的是（　　）。
   A. 存储密度大
   B. 逻辑上相邻的结点物理上不必相邻
   C. 可以通过计算直接确定第 i 个结点的存储地址
   D. 插入、删除运算操作不方便

5. （　　）复审应该把重点放在系统的总体结构、模块划分、内外接口等方面。
   A. 详细设计
   B. 系统设计
   C. 正式
   D. 非正式

6. 下列叙述中正确的是（　　）。
   A. 黑箱（盒）测试方法完全不考虑程序的内部结构和内部特征
   B. 黑箱（盒）测试方法主要考虑程序的内部结构和内部特征
   C. 白箱（盒）测试不考虑程序内部的逻辑结构
   D. 上述三种说法都不对

7. 关于数据库系统三级模式的说法，下列（　　）是正确的。

    A．外模式、概念模式、内模式都只有一个

    B．外模式有多个，概念模式和内模式只有一个

    C．外模式只有一个，概念模式和内模式有多个

    D．3 个模式中，只有概念模式才是真正存在的

8. 以下不使用线性结构表示实体之间联系的模型的是（　　）。

    A．线性表
                B．栈和队列

    C．二叉树
                D．以上三个都不是

9. 具有 3 个结点的二叉树有（　　）。

    A．2 种形态
              B．4 种形态

    C．7 种形态
              D．5 种形态

10. 算法具有五个特性，以下选项中不属于算法特性的是（　　）。

    A．有穷性
              B．简洁性

    C．确定性
              D．输入输出性

11. UPDATE-SQL 语句的功能是（　　）。

    A．属于数据定义功能
        B．属于数据查询功能

    C．可能修改表中某些列的属性
    D．可以修改表中某些列的内容

12. 一个数据库表有 5 条记录，用 EOF（）函数测试的结果为真，此时的记录号是（　　）。

    A．1
              B．5

    C．6
              D．0

13. 从项目文件 mpsub 中连编可执行文件 mycom 的命令是（　　）。

    A．BUILD EXE mycom FROM mpsub
    B．BUILD EXE mysub FROM mycom

    C．BUILD APP mycom FROM mysub
    D．BUILD APP mysub FROM mycom

14. 调用报表格式文件 PP1 预览报表的命令是（　　）。

    A．REPORT FROM PP1 PREVIEW
    B．DO FROM PP1 PREVIEW

    C．REPORT FORM PP1 PREVIEW
    D．DO FORM PP1 PREVIEW

15. 在 VFP 中执行 LIST 命令，要想在屏幕和打印机上同时输出，应使用命令（　　）。

    A．LIST ON PRINT
    B．LIST TO PRINT

    C．PRINT LIST
    D．LIST PRINT

16. 假设数据库表人事管理.DBF 的结构如下：

    人事管理（员工编号 C（4），姓名 C（6），性别 C（2），年龄 N（3），职务 C（10），工

资 N（7，2））

下面的 SQL 语句中正确的是（　　）。

A．INSERT INTO 人事管理（员工编号，年龄，职务）VALUES（"0045"，43，"教授"）

B．INSERT INTO 人事管理（姓名，年龄，职务）VALUES（"欧阳风"，53，"教授"）

C．INSERT INTO 人事管理（员工编号，年龄，职务）VALUES（"王大玉"，60，"校长"）

D．INSERT INTO 人事管理（员工编号，性别）VALUES（"0045"，"男"，43）

17. 若内存变量名与当前的数据表中的一个字段"student"同名，则执行命令？student 后显的是（　　）。

A．字段变量的值   B．内存变量的值

C．随机显示   D．错误信息

18. 向项目中添加表单，应该使用项目管理器的（　　）。

A．"代码"选项卡   B．"类"选项卡

C．"数据"选项卡   D．"文档"选项卡

19. 把第三个字符为 M 的全部内存变量存入内存变量文件 ST 中，应使用命令（　　）。

A．SAVE All LIKE   ??M? TO ST   B．SAVE ALL LIKE   **M*   TO ST

C．SAVE ALL EXCEPT   ??M*   TO ST   D．SAVE ALL LIKE   ??M*   TO ST

20. 已知当前数据库文件的结构是：考号-C（6）、姓名-C（6）、笔试-N（6，2）、上机-N（6，2），合格否-L，将"笔试"和"上机"均及格记录的"合格否"字段值修改为逻辑真应该使用的命令是（　　）。

A．REPLACE 合格否 WITH .T. FOR 笔试>60 .AND. 上机>60

B．REPLACE 合格否 WITH .T. FOR 笔试>60 .OR. 上机>60

C．REPLACE 合格否 WITH .T. FOR 笔试>=60 .OR. 上机>=60

D．REPLACE 合格否 WITH .T. FOR 笔试>=60 .AND. 上机>=60

21. Visual FoxPro 内存变量的数据类型不包括（　　）。

A．数值型   B．货币型

C．备注型   D．逻辑型

22. 设 X=6<5，命令 ？VARTYPE(X)的输出是（　　）。

A．N   B．C

C．L   D．出错

23. 在 Visual FoxPro 中，关于 SORT 命令和 INDEX 命令的说法正确的是（　　）。

A．前者可以根据不同关键字的升序或降序排序，后者也可以

B．前者可以根据不同关键字的升序或降序排序，后者只能以升序排序

C．前者可以根据不同关键字的升序或降序排序，后者只能以降序排序

D. 两者都只能以升序排序

24. 在 Visual FoxPro 中，存储图像的字段类型应该是（　　）。
    A. 备注型　　　　　　　　　　　B. 通用型
    C. 字符型　　　　　　　　　　　D. 双精度型

25. 向表中插入数据的 SQL 语句是（　　）。
    A. INSERT　　　　　　　　　　　B. INSERT INTO
    C. INSERT BLANK　　　　　　　D. INSERT BEFORE

26. 在 VFP 中，下面命令的输出结果是（　　）。
    ?20=56-16/2
    A. .T.　　　　　　　　　　　　B. .F.
    C. 0　　　　　　　　　　　　　D. 12

27. 以下有关数组的叙述中，错误的是（　　）。
    A. 使用数组之前，要先用 DIMENSION 或 DECLARE 命令定义数组
    B. 定义数组后，VFP 系统自动给每个数组元素赋以逻辑值.F.
    C. 在 VFP 中只能使用一维数组、二维数组和三维数组
    D. VFP 系统规定数组下标的下限为 1

28. 在 SQL 语句中实现分组查询的短语是（　　）。
    A. ORDER BY　　　　　　　　　B. GROUP BY
    C. HAVING　　　　　　　　　　D. ASG

    第 29~35 题使用如下三个表：

    职员.DBF：职员号 C（3），姓名 C（6），性别 C（2），组号 N（1），职务 C（10）
    客户.DBF：客户号 C（4），客户名 C（36），地址 C（36），所在城市 C（36）
    订单.DBF：订单号 C（4），客户号 C（4），职员号 C（3），签订日期 D，金额 N（6,2）

29. 查询金额最大的那 10%订单的信息。正确的 SQL 语句是（　　）。
    A. SELECT * TOP 10 PERCENT FROM 订单
    B. SELECT TOP 10% * FROM 订单 ORDER BY 金额
    C. SELECT * TOP 10 PERCENT FROM 订单 ORDER BY 金额
    D. SELECT TOP 10 PERCENT * FROM 订单 ORDER BY 金额 DESC

30. 查询订单数在 3 个以上、订单的平均金额 200 元以上的职员号。正确的 SQL 语句是（　　）。
    A. SELECT 职员号 FROM 订单 GROUP BY 职员号 HAVING COUNT(*)>3 AND
       AVG_金额>200

B. SELECT 职员号 FROM 订单 GROUP BY 职员号 HAVING COUNT(*)>3 AND AVG(金额)>200

C. SELECT 职员号 FROM 订单 GROUP BY 职员号 HAVING COUNT(*)>3 WHERE AVG(金额)>200

D. SELECT 职员号 FROM 订单 GROUP BY 职员号 WHERE COUNT(*)>3 AND AVG_金额>200

31. 显示 2005 年 1 月 1 日后签订的订单,显示订单的订单号、客户名以及签订日期。正确的 SQL 语句是（   ）。

A. SELECT 订单号,客户名,签订日期 FROM 订单 JOIN 客户
   ON 订单.客户号=客户.客户号 WHERE 签订日期>{^2005-1-1}

B. SELECT 订单号,客户名,签订日期 FROM 订单 JOIN 客户
   WHERE 订单.客户号=客户.客户号 AND 签订日期>{^2005-1-1}

C. SELECT 订单号,客户名,签订日期 FROM 订单,客户
   WHERE 订单.客户号=客户.客户号 AND 签订日期<{^2005-1-1}

D. SELECT 订单号,客户名,签订日期 FROM 订单,客户
   ON 订单.客户号=客户.客户号 AND 签订日期<{^2005-1-1}

32. 显示没有签订任何订单的职员信息（职员号和姓名），正确的 SQL 语句是（   ）。

A. SELECT 职员.职员号,姓名 FROM 职员 JOIN 订单
   ON 订单.职员号=职员.职员号 GROUP BY 职员.职员号 HAVING COUNT(*)=0

B. SELECT 职员.职员号,姓名 FROM 职员 LEFT JOIN 订单
   ON 订单.职员号=职员.职员号 GROUP BY 职员.职员号 HAVING COUNT(*)=0

C. SELECT 职员号,姓名 FROM 职员
   WHERE 职员号 NOT IN(SELECT 职员号 FROM 订单)

D. SELECT 职员.职员号,姓名 FROM 职员
   WHERE 职员.职员号 <> (SELECT 订单.职员号 FROM 订单)

33. 有以下 SQL 语句:

SELECT 订单号,签订日期,金额 FROM 订单,职员
   WHERE 订单.职员号=职员.职员号 AND 姓名="李二"

与如上语句功能相同的 SQL 语句是（   ）。

A. SELECT 订单号,签订日期,金额 FROM 订单
   WHERE EXISTS（SELECT * FROM 职员 WHERE 姓名="李二"）

B. SELECT 订单号, 签订日期, 金额 FROM 订单 WHERE
   EXISTS（SELECT * FROM 职员 WHERE 职员号=订单.职员号 AND 姓名="李二"）

C. SELECT 订单号,签订日期,金额 FROM 订单
   WHERE IN（SELECT 职员号 FROM 职员 WHERE 姓名="李二"）

D. SELECT 订单号,签订日期,金额 FROM 订单 WHERE
   IN（SELECT 职员号 FROM 职员 WHERE 职员号=订单.职员号 AND 姓名="李二"）

34. 从订单表中删除客户号为"1001"的订单记录，正确的 SQL 语句是（　　）。
    A. DROP FROM 订单 WHERE 客户号="1001"
    B. DROP FROM 订单 FOR 客户号="1001"
    C. DELETE FROM 订单 WHERE 客户号="1001"
    D. DELETE FROM 订单 FOR 客户号="1001"

35. 将订单号为"0060"的订单金额改为 169 元，正确的 SQL 语句是（　　）。
    A. UPDATE 订单 SET 金额=l69 WHERE 订单号="0060"
    B. UPDATE 订单 SET 金额 WITH 169 WHERE 订单号="0060"
    C. UPDATE FROM 订单 SET 金额=169 WHERE 订单号="0060"
    D. UPDATE FROM 订单 SET 金额 WITH l69 WHERE 订单号="0060"

二、填空题

请将每一个空的正确答案写在答题卡【1】～【15】序号的横线上，答在试卷上不得分。

1. 在数据库的概念结构设计中，常用的描述工具是【1】。

2. 数据库系统中实现各种数据管理功能的核心软件称为【2】。

3. 数组是有序数据的集合，数组中的每个元素具有相同的【3】。

4. 按照逻辑结构分类，数据结构可分为线性结构和非线性结构，栈属于【4】。

5. 在程序设计阶段应该采取【5】和逐步求精的方法，把一个模块的功能逐步分解，细化为一系列具体的步骤，进而用某种程序设计语言写成程序。

6. 设有如下的语句：
   a="Visual FoxPro"
   ? TRANSFORM(a, "!!!!!!")
   最后的输出结果是：【6】。

7. VFP 基类的最小属性集是 Class、BaseClass、ClassLibrary 和【7】。

8. 在 Visual FoxPro 的查询设计器中【8】选项卡对应的 SQL 短语是 WHERE。

9. 在不使用索引的情况下，为了定位满足某个逻辑条件的记录应该使用命令【9】。

10. 在 Visual FoxPro 中，主索引可以保证数据的【10】完整性。

11. 域完整性包括数据类型、宽度及【11】等。

12. 在程序中，显示已创建的表单 Myform1 应使用的命令是【12】；隐藏已显示的表单 Myform1 应使用的命令是【13】。

13. 用当前窗体的 LABEL1 控件显示系统时间的语句是
THISFORM.LABEL1【14】= TIME( )

14. 在创建索引文件时，若要求关键字表达式值相同的记录只取一个，可以在索引命令 INDEX 中增加可选项【15】。

第 16 套

一、选择题

下列各题 A、B、C、D 四个选项中，只有一个选项是正确的，请将正确选项涂写在答题卡相应位置上，答在试卷上不得分。

1. 数据结构中，与所使用的计算机无关的是数据的（　　）。
   A. 存储结构
   B. 物理结构
   C. 逻辑结构
   D. 物理和存储结构

2. 栈通常采用的两种存储结构是（　　）。
   A. 线性存储结构和链表存储结构
   B. 散列方式和索引方式
   C. 链表存储结构和数组
   D. 线性存储结构和非线性存储结构

3. 一棵二叉树中共有 70 个叶子结点与 80 个度为 1 的结点，则该二叉树中的总结点数为（　　）。
   A. 221
   B. 219
   C. 231
   D. 229

4. 为了提高测试的效率，应该（　　）。
   A. 随机选取测试数据
   B. 取一切可能的输入数据作为测试数据
   C. 在完成编码以后制定软件的测试计划
   D. 集中对付那些错误群集的程序

5. 下面描述中，符合结构化程序设计风格的是（　　）。
   A. 使用顺序、选择和重复（循环）三种基本控制结构表示程序的控制逻辑
   B. 模块只有一个入口，可以有多个出口
   C. 注重提高程序的执行效率
   D. 不使用 goto 语句

6. 在关系模型中，（　　）。
   A. 为了建立一个关系，首先要构造数据的逻辑关系
   B. 表示关系的二维表中各元组的每一个分量还可以分成若干数据项
   C. 一个关系的属性名表称为关系模式
   D. 一个关系可以包括多个二维表

7. 软件维护指的是（　　）。

A. 对软件的改正、适应和完善　　　　　B. 维护正常运行
C. 配置新软件　　　　　　　　　　　　D. 软件开发期的一个阶段

8. 在下列几种排序方法中，要求内存量最大的是（　　）。
A. 插入排序　　　　　　　　　　　　B. 选择排序
C. 快速排序　　　　　　　　　　　　D. 归并排序

9. 软件工程的出现是由于（　　）。
A. 程序设计方法学的影响　　　　　　B. 软件产业化的需要
C. 软件危机的出现　　　　　　　　　D. 计算机的发展

10. 可行性研究要进行一次（　　）需求分析。
A. 深入的　　　　　　　　　　　　　B. 详尽的
C. 彻底的　　　　　　　　　　　　　D. 简化的、压缩了的

11. 当前数据表有 10 条记录，在最后一条记录之后增加一个空记录的正确操作是（　　）。
A. INSERT BEFORE BLANK　　　　　　B. APPEND BEFORE BLANK
C. APPEND BLANK　　　　　　　　　　D. INSERT BLANK

12. 扩展名为 mnx 的文件是（　　）。
A. 备注文件　　　　　　　　　　　　B. 项目文件
C. 表单文件　　　　　　　　　　　　D. 菜单文杆

13. 在表单上创建命令按钮 cmdClose，为实现当用户单击此按钮时能够关闭表单的功能，可把语句 ThisForm.Release 写入 cmdClose 对象的（　　）。
A. Caption 属性　　　　　　　　　　B. Name 属性
C. Click 事件　　　　　　　　　　　D. Refresh 方法

14. 有如下赋值语句
a="你好"
b="大家"
结果为 "大家好" 的表达式是（　　）。
A. b+AT(a,1)　　　　　　　　　　　B. b+RIGHT(a,1)
C. b+LEFT(a,3,4)　　　　　　　　　　D. b+RIGHT(a,2)

15. 分布式数据库系统不具有的特点是（　　）。
A. 数据分布性和逻辑整体性　　　　　B. 位置透明性和复制透明性
C. 分布性　　　　　　　　　　　　　D. 数据冗余

16. 函数 ROUND(12345.678,2) 和 ROUND(12345.678,-2) 的值应分别是（　　）。

A．-12345.67 和错误提示信息　　　　B．12345.67 和 12300

C．-12345.68 和错误提示信息　　　　D．12345.68 和 12300

17. 假定系统日期是 1998 年 12 月 20 日，有如下命令：

SET DATE TO MDY

NJ=DTOC（DATE()）

?RIGHT （NJ，2）

执行该命令后，输出结果是（　　　）。

A．1998　　　　　　　　　　　　　　B．98

C．981220　　　　　　　　　　　　　D．1220

18. 若将过程或函数放在过程文件中，可以在应用程序中使用（　　　）命令打开过程文件。

A．SET PROCEDURE TO＜文件名＞　　B．SET FUNCTION TO＜文件名＞

C．SET PROGRAM TO＜文件名＞　　　D．SET ROUTINE TO＜文件名＞

19. 下面有关表间永久联系和关联的描述中，正确的是（　　　）。

A．永久联系中的父表一定有索引，关联中的父表不需要有索引

B．无论是永久联系还是关联，子表一定有索引

C．永久联系中子表的记录指针会随父表的记录指针的移动而移动

D．关联中父表的记录指针会随子表的记录指针的移动而移动

20. SQL 支持集合的并运算，在 Visual FoxPro 中 SQL 并运算的运算符是（　　　）。

A．PLUS　　　　　　　　　　　　　　B．UNION

C．+　　　　　　　　　　　　　　　　D．U

21. 下列各字符函数中，函数返回值不是数值型的是（　　　）

A．LEN（″2003/04/15″）

B．OCCURS（″电脑″，″计算机俗称电脑″）

C．AT（″Fox″，″Visual FoxPro″）

D．LIKE（″a＊″，″abcd″）

22. 要将数据库"考生库"文件及其所包含的数据库表文件直接物理删除，下列命令正确的是（　　　）

A．DELETE DATABASE 考生库

B．DELETE DATABASE 考生库 RECYCLE

C．DELETE DATABASE 考生库 DELETETABLES

D．DELETE DATABASE 考生库 DELETETABLES RECYCLE

23. 关于内存变量的调用，下列说法正确的是（　　　）。

A．局部变量不能被本层模块程序调用

B. 私有变量只能被本层模块程序调用

C. 局部变量能被本层模块和下层模块程序调用

D. 私有变量能被本层模块和下层模块程序调用

24. 依次执行以下命令后的输出结果是（　　　）。

SET DATE TO YMD

SET CENTURY ON

SET CENTURY TO 19 ROLLOVER 10

SET MARK TO "."

? CTOD("49-05-01")

A. 49.05.01 　　　　　　　　　　B. 1949.05.01

C. 2049.05.01 　　　　　　　　　D. 出错

25. 在 Visual FoxPro 中创建一个菜单，可以在命令窗口中键入（　　　）命令。

A. CREATE MENU 　　　　　　　B. OPEN MENU

C. LIST MENU 　　　　　　　　　D. CLOSE MENU

26. 为了从用户菜单返回到系统菜单应该使用命令（　　　）。

A. SET DEFAULT SYSTEM 　　　B. SET MENU TO DEFAULT

C. SET SYSTEM TO DEFAULT 　　D. SET SYSMENU TO DEFAULF

27. 在当前工作区已经打开选课数据库表，其中包括课程号、学号、成绩字段。不同的记录分别有重复的课程号或重复的学号。要使用 COUNT 命令计算有学生选修的不同课程有多少、应在执行 COUNT 命令之前使用命令（　　　）。

A. INDEX ON 学号 TO GG 　　　B. INDEX ON 课程号 TO GG

C. INDEX ON 学号 TO GGUNIQUE 　　D. INDEX ON 课程号 TO GG UNIQUE

28. 在已打开的数据库表文件中，有"姓名"字段。此外又定义了一个内存变量"姓名"。要把内存变量"姓名"的值传送给当前记录的姓名字段，应使用的命令（　　　）。

A. 姓名=M->姓名

B. RAPLACE 姓名 WITH M->姓名

C. STORE M->姓名 TO 姓名

D. GATHER FROM M->姓名 FIELDS 姓名

29. 要为职工表的所有职工增加 100 元工资，正确的 SQL 命令是（　　　）。

A. REPLACE 职工 SET 工资＝工资＋100

B. UPDATE 职工 SET 工资＝工资＋100

C. EDIT 职工 SET 工资＝工资＋100

D. CHANGE 职工 SET 工资＝工资＋100

30. 假设同一名称的产品有不同的型号和产地，则计算每种产品平均单价的 SQL 语句是
    （　　）。
    A. SELECT 产品名称,AVG(单价) FROM 产品 GROUP BY 单价
    B. SELECT 产品名称,AVG(单价) FROM 产品 ORDER BY 单价
    C. SELECT 产品名称,AVG(单价) FROM 产品 ORDER BY 产品名称
    D. SELECT 产品名称,AVG(单价) FROM 产品 GROUP BY 产品名称

31. 利用 SQL 命令从职工表中派生出含有"职工号"、"姓名"字段的视图，下列语句正确的
    是（　　）。
    A. CREATE VIEW ZG __view；
       SELECT 职工号，姓名 FROM 职工表
    B. CREATE VIEW ZG __view AS；
       SELECT 职工号，姓名 FROM 职工表
    C. CREATE QUERY ZG__ view；
       SELECT 职工号，姓名 FROM 职工表
    D. CREATE QUERY ZG __view AS；
       SELECT 职工号，姓名 FROM 职工表

32. 将所有 1940 年及以前出生的教授的工资提高 20%的命令是（　　　）。
    A. REPLACE ALL 工资*1.2 FOR YEAR(出生年月)<=1940.AND.职称= "教授"
    B. REPLACE 工资 WITH 工资*1.2 FOR YEAR(出生年月)<="1940".AND.职称= "教
       授"
    C. REPLACE 工资 WITH 工资*1.2 FOR YEAR(出生年月)<=1940.OR.职称= "教授"
    D. REPLACE 工资 WITH 工资*1.2 FOR YEAR(出生年月)<=1940.AND.职称= "教授"

33. 设 Visual FoxPro 的程序中有 PROG1.PRG、PROG2.PRG、PROG3.PRG，三个程序依次
    嵌套，下面的叙述正确的是（　　）。
    A. 在 PROG1.PRG 中用！RUN PROG2.PRG 语句可以调用 PROG2.PRG 子程序
    B. 在 PROG2.PRG 中用 RUN PROG3.PRG 语句可以调用 PROG3.PRG 子程序
    C. 在 PROG3.PRG 中用 RETURN 语句可以返回 PROG1.PRG 主程序
    D. 在 PROG3.PRG 中用 RETURN TO MASTER 语句可以返回 PROG1.PRG 主程序

34. 有以下程序段：
    DO CASE
    CASE 计算机<60
    ? "计算机成绩是:"+"不及格"
    CASE 计算机>=70
    ? "计算机成绩是:"+"及格"
    CASE 计算机>=60
    ? "计算机成绩是:"+"中"

CASE 计算机>=80

? "计算机成绩是:"+"良"

CASE 计算机>=90

? "计算机成绩是:"+"优"

ENDCASE

设学生数据库当前记录的"计算机"字段的值是89,屏幕输出为( )。

A. 计算机成绩是:不及格   B. 计算机成绩是:及格

C. 计算机成绩是:良   D. 计算机成绩是:优

35. 在 Visual FoxPro 中,关于 SORT 命令和 INDEX 命令的说法正确的是( )。

  A. 前者可以根据不同关键字的升序或降序排列,后者也可以

  B. 前者可以根据不同关键字的升序或降序排列,后者只能以升序排序

  C. 前者可以根据不同关键字的升序或降序排列,后者只能以降序排序

  D. 两者都只能以升序排序

二、填空题

请将每一个空的正确答案写在答题卡【1】～【15】序号的横线上,答在试卷上不得分。

1. 数据独立性分为逻辑独立性与物理独立性。当数据的存储结构改变时,其逻辑结构可以不变,所以,基于逻辑结构的应用程序不必修改,称为【1】。

2. 实体之间的联系可以归结为一对一的联系,一对多的联系与多对多的联系。如果一个学校有许多学生,而一个学生只归属于一个学校,则实体集学校与实体集学生之间的联系属于【2】的联系。

3. 在进行模块测试时,要为每个被测试的模块另外设计两类模块:驱动模块和承接模块(桩模块)。其中【3】的作用是将测试数据传送给被测试的模块,并显示被测试模块所产生的结果。

4. 软件定义时期主要包括【4】和需求分析两个阶段。

5. 数据库系统在其内部分为三级模式,即概念模式、内模式和外模式。其中,【5】是用户的数据视图,也就是用户所见到的数据模式。

6. 如果在第一个工作区中打开一个数据表文件,然后在另一个工作区上再次打开该数据表文件,且不关闭前一个工作区上打开的,必须加短语【6】。

7. 在 Visual FoxPro 中,可以在表设计器中为字段设置默认值的表是【7】表。

8. Visual FoxPro 6.0 的项目文件的扩展名是【8】。

9. 查询设计器的结果是将 SQL SELECT 语句以【9】扩展名的文件保存在磁盘文件中。

10. 在 Visual FoxPro 文件中，CREATE DATABASE 命令创建一个扩展名为【10】的数据库。

11. 为表建立索引后，索引文件名与表文件同名，当表打开时，索引文件自动打开的索引是【11】，这种索引文件的扩展名是【12】。

12. 在 SQL 的 SELECT 语句进行分组计算查询时，可以使用【13】子句来去掉不满足条件的分组。

13. Visual FoxPro 6.0 打开项目文件的命令是【14】PROJECT。

14. 执行下列命令后，显示结果为【15】。
    D1 = {^2002-06-26}
    D = DTOC(D1, 1)
    ? LEFT(D, 4) + "." + IIF(SUBSTR(D, 5, 1) = "0", SUBSTR(D, 6, 1), SUBSTR(D, 5, 2))+"." +
    RIGHT(D, 2)

第 17 套

一、选择题

下列各题 A、B、C、D 四个选项中，只有一个选项是正确的，请将正确选项涂写在答题卡相应位置上，答在试卷上不得分。

1. 下列语言不属于高级语言的是（   ）。
   A. C 语言
   B. 机器语言
   C. FORTRAN 语言
   D. C++语言

2. 数据库系统的核心是（   ）。
   A. 数据模型
   B. 数据库管理系统
   C. 软件工具
   D. 数据库

3. 下列叙述中正确的是（   ）。
   A. 在模块化程序设计中，一个模块应尽量多的包括与其他模块联系的信息
   B. 在自顶向下、逐步细化的设计过程中，首先应设计解决问题的每一个细节
   C. 在模块化程序设计中，一个模块内部的控制结构也要符合结构化原则
   D. 在程序设计过程中，不能同时采用结构化程序设计方法与模块化程序设计方法

4. 下列叙述中正确的是（   ）。
   A. 线性链表中的各元素在存储空间中的位置必须是连续的
   B. 线性链表中的表头元素一定存储在其他元素的前面
   C. 线性链表中的各元素在存储空间中的位置不一定是连续的，但表头元素一定存储在其他元素的前面
   D. 线性链表中的各元素在存储空间中的位置不一定是连续的，且各元素的存储顺序也是任意的

5. 以下关于数据库系统的叙述中，正确的是（   ）。
   A. 数据库只存在数据项之间的联系
   B. 数据库的数据之间和记录之间都存在着联系
   C. 数据库的数据之间和记录之间都不存在着联系
   D. 数据库的数据项之间无联系，记录之间存在联系

6. 调试程序过程中主要会发现三类错误，不包括（   ）。
   A. 语法错误
   B. 逻辑错误

C. 例外错误 D. 常规错误

7. 关系 R 和关系 S 的并运算是（　　）。
 A. 由关系 R 和关系 S 的所有元组合并组成的集合，再删去重复的元组
 B. 由属于 R 而不属于 S 的所有元组组成的集合
 C. 由既属于 R 又属于 S 的元组组成的集合
 D. 由 R 和 S 的元组连接组成的集合

8. 在结构化程序设计思想提出之前，在程序设计中强调程序的效率。而结构化程序设计思想提出之后与程序的效率相比，人们更重视程序的（　　）。
 A. 安全性 B. 一致性
 C. 可理解性 D. 合理性

9. 下述内容中，（　　）不属于软件工程管理的范畴。
 A. 软件管理学 B. 软件心理学
 C. 软件工程经济 D. 软件工程环境

10. 为了使模块尽可能独立，要求（　　）。
 A. 模块的内聚程序要尽量高，且各模块间的耦合程度要尽量强
 B. 模块的内聚程度要尽量高，且各模块间的耦合程度要尽量弱
 C. 模块的内聚程度要尽量低，且各模块间的耦合程度要尽量弱
 D. 模块的内聚程度要尽量低，且各模块间的耦合程度要尽量强

11. 查询设计器和视图设计器的主要不同表现在（　　）。
 A. 查询设计器有"更新条件"选项卡，没有"查询去向"选项
 B. 查询设计器没有"更新条件"选项卡，有"查询去向"选项
 C. 视图设计器没有"更新条件"选项卡，有"查询去向"选项
 D. 视图设计器有"更新条件"选项卡，也有"查询去向"选项

12. 在 Visual FoxPro 中，可使用（　　）命令将 TEST 视图打开。
 A. USE TEST.VUE B. SET VIEW TO TEST.VUE
 C. OPEN VIEW TEhST.VUE D. SET VUE TO TEST

13. 设 X=10，语句? VARTYPE("X")的输出结果是（　　）。
 A. N B. C
 C. 10 D. X

14. 清除变量名第 2 个字符为 "b" 的所有内存变量使用的命令是（　　）。
 A. RELEASE ALL LIKE ?b B. RELEASE ALL LIKE ?b?
 C. RELEASE ALL LIKE ?b* D. RELEASE ALL LIKE *b?

15. 下列关于表格的说法中，正确的是（　　）。

A. 表格是一种容器对象，在表格中全部按列来显示数据

B. 表格对象由若干列对象组成，每个列对象包含若干个标头对象和控件

C. 表格、列、标头和控件有自己的属性、方法和事件

D. 以上说法均正确

16. 以下关于"查询"的描述正确的是（　　）。

A. 查询保存在项目文件中　　　　　　　　B. 查询保存在数据库文件中

C. 查询保存在表文件中　　　　　　　　　D. 查询保存在查询文件中

17. 以下程序执行后的显示结果是（　　）。

主程序：

AAA.PRG

SET TALK OFF

CLEAR

X＝10

Y＝20

DO BBB

? X，Y

子程序：

BBB.PRG

PRIVATE Y

X＝80

Y＝90

A. 10 20　　　　　　　　　　　　　　B. 10 20

C. 80 90　　　　　　　　　　　　　　D. 80 20

18. 在下面命令中，执行效果相同的是（　　）。

Ⅰ. AVERAGE　基本工资　FOR　性别＝"男"

Ⅱ. AVERAGE　基本工资　WHILE　性别＝"男"

Ⅲ. AVERAGE　基本工资　FOR! 性别＝"女"

Ⅳ. AVERAGE　基本工资　WHILE　性别＜＞"女"

A. Ⅰ和Ⅳ、Ⅱ和Ⅲ　　　　　　　　　　B. Ⅰ和Ⅲ、Ⅱ和Ⅳ

C. Ⅰ和Ⅱ、Ⅲ和Ⅳ　　　　　　　　　　D. 都不相同

19. 如果指定参照完整性的删除规则为"级联"，则当删除父表中的记录时（　　）。

A. 系统自动备份父表中被删除记录到一个新表中

B. 若子表中有相关记录，则禁止删除父表中记录

C. 会自动删除子表中所有相关记录

D. 不作参照完整性检查，删除父表记录与子表无关

20. 在下列 VFP 的表达式中，结果为.F.的是（   ）。

    A．[100]>= "99"   B．[张先生]>=[李先生]

    C．{83/02/27}-14<{83/02/13}   D．[女]$性别

21. 下列关于报表预览的说法，错误的是（   ）。

    A．如果报表文件的数据源内容已经更改，但没有保存报表，其预览的结果也会随之更改

    B．只有预览了报表后，才能打印报表

    C．在报表设计器中，任何时候都可以使用预览功能，查看页面设计的效果

    D．在进行报表预览的同时，不可以更改报表的布局

22. 以纯文本形式保存设计结果的设计器是（   ）。

    A．查询设计器   B．表单设计器

    C．菜单设计器   D．以上三种都不是

23. 修改数据库表文件的结构，正确的命令是（   ）。

    A．CREATE LL   B．MODI COMM IL

    C．MODI STRU   D．MODI STRU LL

24. 可使用（   ）方法使参数按传地址方式传递给过程或函数。

    A．使用命令 SET UDFPARMS TO VALUE

    B．用括号将变量括起来

    C．在变量前面加上符号 "&"

    D．在变量前面加上符号 "@"

25. 使用 SQL 语句增加字段的有效性规则，是为了能保证数据的（   ）。

    A．实体完整性   B．表完整性

    C．参照完整性   D．域完整性

26. 已知出生日期字段为日期型，日期格式为{dd/mm/yy}。以下 4 组命令中完全正确的是（   ）。

    A．LIST FOR SUBSTR(DTOC(出生日期),4,2)="72"

       LIST FOR YEAR(出生日期)=1972

       LIST FOR "72" $ DTOC(出生日期)

    B．LIST FOR SUBSTR(DTOC(出生日期),7,2)="72"

       LIST FOR YEAR(出生日期)=1972

       LIST FOR "72" $ DTOC(出生日期)

    C．LIST FOR SUBSTR(DTOC(出生日期),1,2)="72"

       LIST FOR YEAR(出生日期)="1972"

       LIST FOR "72" $ DTOC(出生日期)

D. LIST FOR SUBSTR(DTOC(出生日期),7,2)="72"

  LIST FOR YEAR(出生日期)=1972

  LIST FOR "72" $ 出生日期

27. 关于 SQL 的超联接查询，说法错误的是（ ）

 A. 在 SQL 中可以进行内部联接、左联接、右联接和全联接

 B. SQL 的超联接运算符 "* =" 代表左联接，"= *" 代表右联接

 C. Visual FoxPro 同样支持超联接运算符 "* =" 和 "=*"

 D. 利用全联接，即使两个表中的记录不满足联接条件，也会在目录表或查询结果中出现，只是不满足条件的记录应部分为 NULL

28. 如果在命令窗口输入并执行命令 "LIST 名称" 后在主窗口中显示：

 记录号   名称

 1   电视机

 2   计算机

 3   电话线

 4   电冰箱

 5   电线

 假定名称字段为字符型、宽度为 6，那么下面程序段的输出结果是（ ）。

 GO 2

 SCAN NEXT 4 FOR LEFT(名称,2)="电"

 IF RIGHT(名称,2)="线"

 LOOP

 ENDIF

 ?? 名称

 ENDSCAN

 A. 电话线   B. 电冰箱

 C. 电冰箱电线   D. 电视机电冰箱

29. 当前目录下有数据库文件 QL.DBF，要将其转变为文本文件的正确操作是（ ）。

 A. USE QL   B. USE QL

  COPY FROM QL DELIMITED   COPY TO QL TYPE DELIMITED

 C. USE QL   D. USE QL

  COPY STRU TO QL   COPY FILES TO QL TYPE DELIMITED

30. 执行下列程序：

 CLEAR

 SET TALK OFF

 STORE 1 TO i , a, b

 DO WHILE i＜＝3

```
DO PROG1
？？"P（"+STR（i，1）+"）="+STR（a，2）+"，"
i=i+1
ENDDO
？？"b="+STR（b，2）
RETURN
PROCEDURE PROG1
a=a*2
b=b+a
SET TALK ON
RETURN
```
程序的运行结果为（　　）

A. P（1）=2，P（2）=3，P（3）=4，b=15

B. P（1）=2，P（2）=4，P（3）=6，b=8

C. P（1）=2，P（2）=4，P（3）=6，b=18

D. P（1）=2，P（2）=4，P（3）=8，b=15

31. 使用"调试器"调试程序时，用于显示正在调试的程序文件的窗口是（　　）。

A. 局部窗口　　　　　　　　　　　　B. 跟踪窗口

C. 调用堆栈窗口　　　　　　　　　　D. 监视窗口

32. 为顶层表单添加菜单 mymenu 时，若在表单的 Destroy 事件代码为清除菜单而加入的命令是 RELEASE MENU aaa EXTENDED，那么在表单的 Init 事件代码中加入的命令应该是（　　）。

A. DO mymenu. mpr WITH THIS，"aaa"

B. DO mymenu. mpr WITH THIS"aaa"

C. DO mymenu.mpr WITH THIS，aaa

D. DO mymenu WITH THIS，"aaa"

33. 在 Visual FoxPro 中，有如下程序：
```
*程序名：TEST.PRG
*调用方法：　DO TEST
SET TALK OFF
PAIVATE X，Y
X=" Visual FoxPro"
Y=" 二级"
DO sub1 WITH X
? Y+X
RETURN
*子程序：sub1
```

PROCEDURE sub1
PARAMETERS X1
LOCAL X
X=″Visual FoxPro DBMS 考试″
Y=″计算机等级″+Y
RETURN
执行命令 DO TEST 后，屏幕显示的结果为（   ）。

A．二级 Visual FoxPro

B．计算机等级二级 Visual FoxPro 考试

C．二级 Visual FoxPro 考试

D．计算机等级二级 Visual FoxPro

34. 设有 S(学号，姓名，性别)和 SC(学号，课程号，成绩)两个表，如下 SQL 语句检索选修的每门课程的成绩都高于或等于 85 分的学生的学号、姓名和性别，正确的是（   ）。

A．SELECT 学号，姓名，性别 FROM s WHERE EXISTS
    （SELECT * FROM sc WHERE SC.学号 = S.学号 AND 成绩 <= 85）

B．SELECT 学号，姓名，性别 FROM s WHERE NOT EXISTS
    （SELECT * FROM sc WHERE SC.学号 = S.学号 AND 成绩 <= 85）

C．SELECT 学号，姓名，性别 FROM s WHERE EXISTS
    （SELECT * FROM sc WHERE SC.学号 = S.学号 AND 成绩 > 85）

D．SELECT 学号，姓名，性别 FROM s WHERE NOT EXISTS
    （SELECT * FROM sc WHERE SC.学号 = S.学号 AND 成绩 < 85）

35. 有学生表、课程表和成绩表如下：
学生（学号 C（4），姓名 C（8），性别 C（2），出生日期 D，院系 C（8））
课程（课程编号（4），课程名 C（10），开课院系 C（8））
成绩（学号 C（4），课程编号 C（4），成绩 I）
利用 SQL 派生的一个包括学号、姓名、课程名和成绩的视图，正确的命令是（   ）。

A．CREATE VIEW v_view AS；
    SELECT 课程名，成绩，姓名、学号；
    FROM 课程！课程 INNER JOIN 课程！成绩；
    INNER JOIN 课程！学生；
    ON 成绩.学号 = 学生.学号；
    ON 课程.课程编号 = 成绩.课程编号

B．CREATE VIEW v_view AS；
    SELECT 课程.课程名，成绩.成绩，学生.姓名，成绩.学号；
    FROM 课程！课程 INNER JOIN 课程！成绩；
    ON 成绩.学号 = 学生.学号；
    ON 课程.课程编号 = 成绩.课程编号

C．CREATE VIEW v_view AS；
    SELECT 课程.课程名，成绩.成绩，学生.姓名，成绩.学号；
    FROM 课程！课程 INNER JOIN 课程！成绩；

　　　　INNER JOIN 课程! 学生;

　　　　ON 成绩. 学号 ＝ 学生. 学号

　　D.　CREATE VIEW v_view AS;

　　　　SELECT 课程. 课程名，成绩. 成绩，学生. 姓名，成绩. 学号;

　　　　FROM 课程! 课程 INNER JOIN 课程! 成绩;

　　　　INNER JOIN 课程! 学生;

　　　　ON 成绩. 学号 ＝ 学生. 学号;

　　　　ON 课程. 课程编号 ＝ 成绩. 课程编号

二、填空题

请将每一个空的正确答案写在答题卡【1】～【15】序号的横线上，答在试卷上不得分。

1. 某二叉树中度为 2 的结点有 n 个，则该二叉树中有【1】个叶子结点。

2. 软件生存周期包括软件定义、【2】、软件使用和维护三个阶段。

3. 在计算机软件系统的体系结构中，数据库管理系统位于用户和【3】之间。

4. 数据结构分为逻辑结构和存储结构，树形结构属于【4】结构。

5. 对长度为 n 的线性表进行冒泡排序，最坏情况下需要比较的次数为【5】。

6. 将"借阅"表中的借书证号和书号定义为候选索引，索引名为 LH，使用 SQL 语句：
　　【6】 TABLE 借阅【7】借书证号＋书号 TAG LH

7. 在 SQL 的 CREATE TABLE 语句中，为属性说明取值范围（约束）的是【8】短语。

8. 函数 ROUND(123456.789, –2)的值是【9】。

9. 在 SQL 的 SELECT 查询中使用【10】子句消除查询结果中的重复记录。

10. 在 Visual FoxPro 环境下，进行下列操作，打开的数据库文件是【11】。
　　Y1＝"3"
　　Y2＝"RSDA"+Y1
　　USE ＆Y2

11. 查询设计器的筛选选项卡对应于 SQL SELECT 语句的【12】短语。

12. 为了确保相关表之间数据的一致性，需要设置【13】。

— 124 —

13. 在 Visual FoxPro 中选择一个没有使用的、编号最小的工作区的命令是【14】(关键字必须拼写完整)。

14. 表达式 "Word Wide Web" $ "World" 结果为【15】。

第 18 套

一、选择题

下列各题 A、B、C、D 四个选项中，只有一个选项是正确的，请将正确选项涂写在答题卡相应位置上，答在试卷上不得分。

1. 最初的计算机编程语言是（   ）。
   A. 机器语言
   B. 汇编语言
   C. 高级语言
   D. 低级语言

2. 专门的关系运算不包括下列的（   ）运算。
   A. 连接运算
   B. 选择运算
   C. 投影运算
   D. 并运算

3. "年龄在 18~25 之间"这种约束是属于数据库当中的（   ）。
   A. 原子性措施
   B. 一致性措施
   C. 完整性措施
   D. 安全性措施

4. 软件生命周期中所花费用最多的阶段是（   ）。
   A. 详细设计
   B. 软件编码
   C. 软件测试
   D. 软件维护

5. 下列叙述中正确的是（   ）。
   A. 程序执行的效率与数据的存储结构密切相关
   B. 程序执行的效率只取决于程序的控制结构
   C. 程序执行的效率只取决于所处理的数据量
   D. 以上三种说法都不对

6. 不能实现函数之间数据传递的是（   ）。
   A. 全局变量
   B. 局部变量
   C. 函数接口
   D. 函数返回值

7. 下列叙述中正确的是（   ）。
   A. 软件交付使用后还需要进行维护
   B. 软件一旦交付使用就不需要再进行维护
   C. 软件交付使用后其生命周期就结束

D. 软件维护是指修复程序中被破坏的指令

8. 结构化程序设计所规定的三种基本控制结构是（　　　）。
  A. for、while、switch
  B. 输入、输出、处理
  C. 顺序结构、选择结构、循环结构
  D. 主程序、子程序、函数

9. 下列关系运算中，能使经运算后得到的新关系中属性个数多于原来关系中属性个数的是（　　　）。
  A. 选择
  B. 连接
  C. 投影
  D. 并

10. 下列描述中正确的是（　　　）。
  A. 软件工程只是解决软件项目的管理问题
  B. 软件工程主要解决软件产品的生产率问题
  C. 软件工程的主要思想是强调在软件开发过程中需要应用工程化原则
  D. 软件工程只是解决软件开发中的技术问题

11. SQL 语句中修改表结构的命令是（　　　）。
  A. ALTER TABLE
  B. MODIFY TABLE
  C. ALTER STRUCTURE
  D. MODIFY STRUCTURE

12. 统计在校生党员数的正确操作是（　　　）。
  A. SUM FOR 党员否
  B. COUNT 党员否
  C. SUM 党员否
  D. COUNT FOR 党员否

13. ? STR（234.56，5，1）命令的显示结果是（　　　）。
  A. 234.5
  B. 234.6
  C. 234.56
  D. *****

14. 下列命令中，功能相同的是（　　　）。
  A. DELETE ALL 和 PACK
  B. DELETE ALL、ZAP 和 PACK
  C. DELETE ALL、PACK 和 ZAP
  D. DELETE ALL 和 RECALL ALL

15. BROWSE 命令是作用是（　　　）。
  A. 只能浏览记录
  B. 只能修改记录
  C. 修改一条记录
  D. 打开一个可在其中查看和编辑数据库记录的窗口

16. 用命令 "INDEX ON 姓名 TAG index_name UNIQUE" 建立索引，其索引类型

是（　　）。

A．主索引
B．候选索引
C．普通索引
D．惟一索引

17. 在图书.DBF 文件中，书号字段为字符型。若要将书号以字母 D 开头的记录都加上删除标记，则应使用命令（　　）。

A．DELETE FOR "D" $ 书号
B．DELETE FOR　书号 = D*
C．DELETE FOR SUBSTR(书号, 1, 1) = "D"
D．DELETE FOR RIGHT(书号, 1) = "D"

18. 下列程序段执行以后，内存变量 y 的值是（　　）。

```
x=34567
y=0
DO WHILE x>0
    y=x%10+y*10
    x=int(x/10)
ENDDO
```

A．3456
B．34567
C．7654
D．76543

19. 下列的程序段中与上题的程序段对 y 的计算结果相同的是（　　）。

A．
```
x=34567
y=0
flag=.T.
DO WHILE flag
    y=x%10+y*10
    x=int(x/10)
    IF x>0
    flag=.F.
    ENDIF
ENDDO
```

B．
```
x=34567
y=0
flag=.T.
DO WHILE flag
    y=x%10+y*10
    x=int(x/10)
    IF x=0
    flag=.F.
    ENDIF
ENDDO
```

C．
```
x=34567
y=0
flag=.T.
DO WHILE !flag
    y=x%10+y*10
    x=int(x/10)
    IF x>0
    flag=.F.
```

D．
```
x=34567
y=0
flag=.T.
DO WHILE !flag
    y=x%10+y*10
    x=int(x/10)
    IF x=0
    flag=.T.
```

20. ST 表的结构包含字段：姓名（C）、出生日期（D）、总分（N），要建立姓名、总分、出生日期的组合索引，其索引关键字表达式是（   ）。

    A. 姓名＋总分＋出生日期

    B. ″姓名″＋″总分″＋″出生日期″

    C. 姓名＋STR（总分）＋STR（出生日期）

    D. 姓名＋STR（总分）＋DTOC（出生日期）

21. 有关过程调用叙述正确的是（   ）

    A. 打开过程文件时，其中的主过程自动调入内存

    B. 同一时刻只能打开一个过程，打开新的过程后，旧的过程自动关闭

    C. 用命令 DO〈proc〉WITH〈parm list〉调用过程时，过程文件无需打开就可调用其中的过程

    D. 用命令 DO〈proc〉WITH〈parm list〉IN〈file〉调用过程时，过程文件无需打开，就可调用其中的过程

22. 在 SQL SELECT 语句中用于实现关系的选择运算的短语是（   ）。

    A. FOR   B. WHILE

    C. WHERE   D. CONDITION

23. 当前数据表有 10 条记录，在第一条记录之后增加一个空记录的正确操作是（   ）。

    A. GO TOP   B. GO TOP
       INSERT BEFORE BLANK   APPEND BEFORE BLANK

    C. GO TOP ESDA   D. GO TOP
       APPEND BLANK   INSERT BLANK

24. 在表单中，有关列表框和组合框内选项的多重选择，正确的叙述是（   ）

    A. 列表框和组合框都可以设置成多重选择

    B. 列表框和组合框都不可以设置成多重选择

    C. 列表框可以设置多重选择，而组合框不可以

    D. 组合框可以设置多重选择，而列表框不可以

25. 假设表单 MyForm 隐藏着，让该表单在屏幕上显示的命令是（   ）。

    A. MyForm.List   B. MyForm.Display

    C. MyForm.Show   D. MyForm.ShowForm

26. 数据库表与相应的索引文件已打开，姓名为字段变量，内存变量 xm 的值为"李健"，下列命令执行时会产生逻辑错误的是（   ）。

A. LOCATE FOR 姓名＝&xm   B. LOCATE FOR 姓名＝xm

C. FIND &xm   D. SEEK xm

27. 顺序执行下面命令后，屏幕显示的结果是（   ）。

S="Happy Chinese New Year!"

T="CHINESE"

? AT(T,S)

  A. 0   B. 7

  C. 14   D. 错误信息

28. 关闭当前表单的程序代码是 ThisForm.Release，其中的 Release 是表单对象的（   ）。

  A. 标题   B. 属性

  C. 事件   D. 方法

29. 在 Visual FoxPro 中，下列叙述正确的是（   ）。

  A. 用 SET RELATION 命令建立两个数据库表关联之前，两个数据库表都必须索引

  B. 用 JOIN 命令连接两个数据库表之前，这两个数据库表必须在不同的工作区打开

  C. 用 APPEND FROM 命令向当前数据库表追加记录之前，这两个数据库表必须在不同的工作区打开

  D. 用 UPDATE 命令更新数据库表之前，这两个数据库表都必须索引

30. 下面程序运行后屏幕显示的结果是（   ）。

AA＝0

FOR   II＝2   TO   100   STEP   2

AA＝AA+II

ENDFOR

? AA

ERTURN

  A. 2550   B. 2551

  C. 5050   D. 5049

31. 要使"产品"表中所有产品的单价上浮 8%，正确的 SQL 命令是（   ）。

  A. UPDATE 产品 SET 单价=单价 + 单价*8% FOR ALL

  B. UPDATE 产品 SET 单价=单价*1.08 FOR ALL

  C. UPDATE 产品 SET 单价=单价 + 单价*8%

  D. UPDATE 产品 SET 单价=单价*1.08

32. 在数据库设计器中，建立两个表之间的一对多联系应该满足的条件是（   ）。

  A. "一方"表的主索引或候选索引，"多方"表的普通索引

  B. "一方"表的主索引，"多方"表的普通索引或候选索引

C. "一方" 表的普通索引，"多方" 表的主索引或候选索引

D. "一方 '表的普通索引，"多方" 表的候选索引或普通索引

33. 将当前表当前记录的学号、性别字段赋值到数组 A 中的语句是（　　）。

    A. SCATTER FIELDS 学号，性别　TO A

    B. SCATTER FIELDS 学号，性别　TO A BLANK

    C. GATHER FIELDS 学号，性别　TO A

    D. GATHER FIELDS 学号，性别　TO A BLANK

34. 如果文本框的 InputMask 属性值是#99999，允许在文本框中输入的是（　　）。

    A. +12345   B. abc123

    C. $12345   D. abcdef

35. 学生档案（学号 C（10），姓名 C（6），籍贯 C（16），出生日期 D（8），性别 C（2），政治面貌 C（4））

    学生成绩（学号 C（10），计算机 N（5，1），心理学 N（5，1），外语 N（5，1），总分 N（5，1），名次 C（2））

    选课（学号 C（10），选修科目 D（8），成绩（5，1））

    对于学生管理数据库,检索选修"羽毛球"的所有男生。下面 SQL 语句中正确的是(　　)。

    A. SELECT*FROM 学生管理！学生档案，学生管理！学生成绩；

        WHERE 选修科目="羽毛球".AND.性别="男"

    B. SELECT*FROM 学生管理！学生档案.AND.学生管理！学生成绩；

        WHERE 选修科目="羽毛球".AND.性别="男"

    C. SELECT*FROM 学生管理！学生档案，学生管理！学生成绩；

        GROUP BY 性别　HAVING 选修科目="羽毛球"

    D. SELECT*FROM 学生管理；

        WHERE 选修科目="羽毛球".AND.性别="男"

二、填空题

请将每一个空的正确答案写在答题卡【1】～【15】序号的横线上，答在试卷上不得分。

1. 一棵二叉树第八层（根结点为第一层）的结点数最多为【1】个。

2. 关系数据模型由关系数据结构、关系操作集合和【2】3 大要素组成。

3. 【3】技术是将数据和行为看成是一个统一的整体，是一个软件成分，即所谓的对象。

4. 在数据库的三级模式体系结构中，外模式与概念模式之间的映像，实现了数据库的【4】独立性。

5. 【5】的目的是检查模块是否正确的组合在一起，是否能够实现规格说明文档对产品功能的要求。

6. 弹出式菜单可以分组，插入分组线的方法是在"菜单名称"项中输入【6】两个字符。

7. Rushmore 是一种从表中快速选取【7】的技术，使用它可以显著地提高查询速度。

8. 查询设计器的"排序依据"选项卡对应于 SQL SELECT 语句的【8】短语。

9. 在表单中要使控件成为可见的，应设置控件的【9】属性。

10. 当数据库的存储结构改变时，可相应修改【10】，从而保持模式不变。

11. 【11】是数据库设计的核心。

12. 在 Visual FoxPro 中参数传递的方式有两种，一种是按值传递，另一种是按引用传递，将参数设置为按引用传递的语句是：SET UDFPARMS【12】 。

13. 为了便于文件的存取，可以设置文件的默认目录（文件夹）。要将 D 盘根目录下的子目录 CBS 设置为默认目录，可使用的命令是【13】。

14. "职工"表有工资字段，计算工资合计的 SQL 语句是
SELECT 【14】 FROM 职工

15. 要为控件设置焦点，其属性 Enabled 和 Visible 必须为【15】。

第 19 套

一、选择题

下列各题 A、B、C、D 四个选项中，只有一个选项是正确的，请将正确选项涂写在答题卡相应位置上，答在试卷上不得分。

1. 从工程管理角度，软件设计一般分为两步完成，它们是（　　）。
   A. 概要设计与详细设计
   B. 数据设计与接口设计
   C. 软件结构设计与数据设计
   D. 过程设计与数据设计

2. 下列叙述中正确的是（　　）。
   A. 线性链表是线性表的链式存储结构
   B. 栈与队列是非线性结构
   C. 双向链表是非线性结构
   D. 只有根结点的二叉树是线性结构

3. 在设计程序时，应采纳的原则之一是（　　）。
   A. 不限制 goto 语句的使用
   B. 减少或取消注解行
   C. 程序越短越好
   D. 程序结构应有助于读者理解

4. 编制一个好的程序首先要确保它的正确性和可靠性，还应强调良好的编程风格。在选择标识符的名字时应考虑（　　）。
   A. 名字长度越短越好，以减少源程序的输入量
   B. 多个变量共用一个名字，以减少变量名的数目
   C. 选择含义明确的名字，以正确提示所代表的实体
   D. 尽量用关键字作名字，以使名字标准化

5. 在数据库系统中，把具有以下两个特征的模型称为网状模型。
   ① 允许有一个以上的结点没有双亲
   ② 有且仅有一个结点无双亲
   ③ 根以外的结点有且仅有一个双亲
   ④ 一个结点可以有多个双亲
   以下各项组合中符合题意的是（　　）。
   A. ①和③
   B. ②和③
   C. ①和④
   D. ②和④

6. 软件开发离不开系统环境资源的支持，其中必要的测试数据属于（　　）。
   A. 硬件资源
   B. 通信资源

C. 支持软件　　　　　　　　　　　　D. 辅助资源

7. 下列叙述中正确的是（　　　）。
   A. 一个算法的空间复杂度大，则其时间复杂度也必定大
   B. 一个算法的空间复杂度大，则其时间复杂度必定小
   C. 一个算法的时间复杂度大，则其空间复杂度必定小
   D. 上述三种说法都不对

8. 在长度为 64 的有序线性表中进行顺序查找，最坏情况下需要比较的次数为（　　　）。
   A. 63　　　　　　　　　　　　　　B. 64
   C. 6　　　　　　　　　　　　　　 D. 7

9. 对如下二叉树

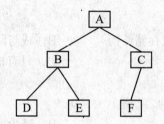

   进行后序遍历的结果为（　　　）。
   A. ABCDEF　　　　　　　　　　　 B. DBEAFC
   C. ABDECF　　　　　　　　　　　 D. DEBFCA

10. 下列描述中正确的是（　　　）。
    A. 程序就是软件
    B. 软件开发不受计算机系统的限制
    C. 软件既是逻辑实体，又是物理实体
    D. 软件是程序、数据与相关文档的集合

11. 在没有打开索引文件的情况下，就功能而言，一条 APPEND 命令相当于命令组（　　　）。
    A. SKIP BOTTOM　　　　　　　　 B. GOTO BOTTOM
       INSERT BEFORE　　　　　　　　　 INSERT BEFORE
    C. GOTO EOF　　　　　　　　　　 D. GOTO BOTTOM
       INSERT　　　　　　　　　　　　　 INSERT

12. 在没有打开索引的情况下，以下各组中的两条命令，执行结果相同的是（　　　）。
    A. LOCATE FOR RECNO（）=2 与 SPIP2
    B. GO RECNO（）+2 与 SKIP2

C. SKIP RECNO（）+2 与 GO RECNO（）+2

D. GO RECNO（）+2 与 LIST NEXT2

13. 关于空值，下列说法不正确的是（　　　）。

A. 空值等于 0、空串、空格

B. 空值不是一种数据类型

C. 空值可以赋值给变量、数组、字段

D. 空值等于当条件表达式中遇到 NULL，该值表达式为"假"

14. 操作对象只能是一个表的关系运算是（　　　）。

A. 联接和选择   B. 联接和投影

C. 选择和投影   D. 自然连接和选择

15. 要判断数值型变量 Y 是否能够被 7 整除，错误的条件表达式为（　　　）。

A. MOD（Y，7）=0   B. INT（Y/7）=Y/7

C. MOD（Y，7）=MOD（7，7）   D. INT（Y/7）=MOD（Y，7）

16. 在 Visual FoxPro 中，调用表设计器建立数据库表 STUDENT.DBF 的命令是（　　　）。

A. MODIFY STRUCTURE STUDENT   B. MODIFY COMMAND STUDENT

C. CREATE STUDENT   D. CREATE TABLE STUDENT

17. 在数据库应用系统中，为保证数据安全通常使用口令程序。要使输入的口令不在屏幕上显示，在口令输入命令的前后应分别使用（　　　）命令。

A. SET CONSOLE ON 和 SET CONSOLE OFF

B. SET CONSOLE OFF 和 SET CONSOLE ON

C. SET TALK OFF 和 SET TALK ON

D. SEf DELETED OFF 和 SET DELETED ON

18. 要在程序中修改由 Myform=CreateObject("Form")语句创建的表单对象的 Caption 属性，下面语句中不能使用的是（　　　）。假定所创建表单对象的 Click 事件也可以修改其 Caption 属性。

A. WITH　Myform   B. MyForm.Click

   .Caption="信息查询"   ENDWITH

C. MyForm.Caption="信息查询"   D. ThisForm.Caption="信息查询"

19. 用于声明某变量为全局变量的命令是（　　　）。

A. PRIVATE   B. PARAMTERS

C. PUBLIC   D. WITH

20. 假设表单上有一选项组：⊙男 ○女，如果选择第二个按钮"女"，则该选项组 Value 属性的值为（　　　）。

A. .F.　　　　　　　　　　　　　　　　　B. 女

C. 2　　　　　　　　　　　　　　　　　　D. 女　或　2

21. 关系代数的五个基本操作是（　　　）。

A. 并、差、交、除、笛卡尔积　　　　　　B. 并、差、交、投影、选择

C. 并、差、交、除、投影　　　　　　　　D. 并、差、笛卡尔积、投影、选择

22. 在 Visual FoxPro 中，关于视图的正确叙述是（　　　）。

A. 视图与数据库表相同，用来存储数据

B. 视图不能同数据库表进行连接操作

C. 在视图上不能进行更新操作

D. 视图是从一个或多个数据库表导出的虚拟表

23. 在 Visual FoxPro 的系统状态下，定义了若干内存变量，若执行命令 QUIT 退出系统，这些变量所保存的数据将（　　　）。

A. 存入一个自动生成的内存变量文件中

B. 自动转到磁盘存储器上保留下来

C. 全部消失

D. 以外存储变量保留下来

24. 下列关于接收参数和传送参数的说法中，正确的是（　　　）。

A. 接收参数的语句 PARAMTERS 可以写在程序中的任意位置

B. 通常传送参数的语句 DO-WITH 和接收参数的语句 PARSMETERS 不必搭配成对，可以单独使用

C. 传送参数和接收参数排列顺序和数据类型必须一一对应

D. 传送参数和接收参数的名字必须相同

25. 执行下列语句后，显示的结果为（　　　）。

N＝50

M＝200

K＝"M+N"

? 1+&K

A. 1+M+N　　　　　　　　　　　　　　B. 251

C. 1+K　　　　　　　　　　　　　　　　D. 数据类型不匹配

26. 使用 SQL 语句将学生表 S 中年龄（AGE）大于 30 岁的记录删除，正确的命令是（　　　）。

A. DELETE FOR AGE>30　　　　　　　B. DELETE FROM S WHERE AGE>30

C. DELETE S FOR AGE>30　　　　　　D. DELETE S WHERE AGE>30

27. 下列叙述中错误的是（　　）。

    A．关系中每一个属性对应一个值域

    B．关系中不同的属性可对应同一值域

    C．对应于同一值域的属性为不同属性

    D．DOM（A）表示属性 A 的取值范围

28. SQL 是（　　）英文单词的缩写。

    A．Standard Query Language   B．Structured Query Language

    C．Select Query Language   D．以上都不是

29. 找出平均分大于 95 分的学生学号和他们所在的班级的语句是（　　）。

    A．SELECT 学号，班级 FROM 成绩；

        WHERE 平均分＞95

    B．SELECT 学号，班级 FROM 班级；

        WHERE（平均分＞95）AND（成绩.学号＝班级.学号）

    C．SELECT 学号，班级 FROM 成绩，班级；

        WHERE（平均分＞95）OR（成绩.学号＝班级.学号）

    D．SELECT 学号，班级 FROM 成绩，班级；

        WHERE（平均分＞95）AND（成绩.学号＝班级.学号）

30. 将 2004 年 5 月 1 日的日期保存到日期变量 RQ 中，正确的语句是（　　）。

    A．STORE DTOC(″05/01/2004″)TO RQ

    B．STORE CTOD(″05/01/2004″)TO RQ

    C．STORE ″05/01/2004″ TO RQ

    D．STORE 05/01/2004 TO RQ

31. 设有如下程序：

```
SET TALK OFF
CLEAR
USE GZ
DO WHILE! EOF（）
    IF 基本工资＞＝600
      SKIP
       LOOP
      ENDIF
      DISPLAY
      SKIP
ENDDO
USE
RETURN
```

该程序实现的功能是（   ）。

A. 显示所有基本工资大于 600 元的职工信息

B. 显示所有基本工资低于 600 元的职工信息

C. 显示第一条基本工资大于 600 元的职工信息

D. 显示第一条基本工资低于 600 元的职工信息

32. 让控件获得焦点，使其成为活动对象的方法是（   ）。

A. Show   B. Release

C. SetFocus   D. GotFocus

33. 假设一个表单里有一个文本框 Text1 和一个命令按钮组 CommandGroup1，命令按钮组中包含 Command1 和 Command2 两个命令按钮。如果要在 Command1 命令按钮的某个方法中访问文本框的 Value 属性值，下列式子中，正确的是（   ）。

A. ThisForm.Text1.Value   B. ThisForm.Parent.Value

C. Parent.Text1.Value   D. This.Parent.Text1.Value

34. 从"订单"表中删除签订日期为 2004 年 1 月 10 日之前（含）的订单记录，正确的 SQL 语句是（   ）。

A. DROP FROM 订单 WHERE 签订日期<={^2004-1-10}

B. DROP FROM 订单 FOR 签订日期<={^2004-1-10}

C. DELETE FROM 订单 WHERE 签订日期<={^2004-1-10}

D. DELETE FROM 订单 FOR 签订日期<={^2004-1-10}

35. 已知当前数据库文件的结构是：考号-C（6）、姓名-C（6）、笔试-N（6，2）、上机-N（6，2），合格否-L，将"笔试"和"上机"均及格记录的"合格否"字段值修改为逻辑真应该使用的命令是（   ）。

A. REPLACE 合格否 WITH .T. FOR 笔试>60 .AND. 上机>60

B. REPLACE 合格否 WITH .T. FOR 笔试>60 .OR. 上机>60

C. REPLACE 合格否 WITH .T. FOR 笔试>=60 .OR. 上机>=60

D. REPLACE 合格否 WITH .T. FOR 笔试>=60 .AND. 上机>=60

二、填空题

请将每一个空的正确答案写在答题卡【1】～【15】序号的横线上，答在试卷上不得分。

1. 对长度为 10 的线性表进行冒泡排序，最坏情况下需要比较的次数为【1】。

2. 在树中，度为零的结点称为【2】。

3. 按"先进先出"原则组织数据的数据结构是【3】。

4. 数据结构分为线性结构和非线性结构，线性表、栈和队列都属于【4】。

5. 冒泡排序算法在最好的情况下的元素交换次数为【5】。

6. 在 SQL 语句中，要删除仓库表中仓库号的字段值是 WH1 的记录，可利用命令：
   【6】FROM 仓库 WHERE 仓库号 ＝ ″WH1″

7. 在 Visual FoxPro 中，数据库表中不允许有重复记录是通过指定【7】来实现的。

8. 录入记录有多种方法，可以在表结构建立时录入数据，也可以使用【8】命令向表中追加记录。

9. 关系是具有相同性质的【9】的集合。

10. 同一个表的多个索引可以创建在一个索引文件中，索引文件主文件名与表的主文件名同名，索引文件的扩展名为【10】，这种索引称为【11】。

11. 在定义字段有效性规则时，在规则框中输入的表达式类型是【12】。

12. 如果已经设定了对报表分组，报表中包含【13】和【14】带区。

13. 设有学生选课表 SC (学号，课程号，成绩)，用 SQL 语言检索每门课程的课程号及平均分的语句是（关键字必须拼写完整）。
    SELECT 课程号,AVG (成绩) FROM SC【15】

第 20 套

一、选择题

下列各题 A、B、C、D 四个选项中，只有一个选项是正确的，请将正确选项涂写在答题卡相应位置上，答在试卷上不得分。

1. 数据独立性是数据库技术的重要特点之一。所谓数据独立性是指（　　）。
   A. 数据与程序独立存放
   B. 不同的数据被存放在不同的文件中
   C. 不同的数据只能被对应的应用程序所使用
   D. 以上三种说法都不对

2. 数据库设计的根本目标是要解决（　　）。
   A. 数据共享问题　　　　　　　　　　B. 数据安全问题
   C. 大量数据存储问题　　　　　　　　D. 简化数据维护

3. 下列关于 E-R 图的描述中正确的是（　　）。
   A. E-R 图只能表示实体之间的联系
   B. E-R 图只能表示实体和实体之间的联系
   C. E-R 图只能表示实体和属性
   D. E-R 图能表示实体、属性和实体之间的联系

4. 下列叙述中错误的是（　　）。
   A. 在数据库设计的过程中，需求分析阶段必须考虑具体的计算机系统
   B. 在数据库设计的过程中，概念结构设计与具体的数据库管理系统有关
   C. 在数据库设计的过程中，逻辑结构设计与具体的数据库管理系统有关
   D. 在数据库设计的过程中，物理结构设计依赖于具体的计算机系统

5. 在软件生存周期中，能准确地确定软件系统必须做什么和必须具备哪些功能的阶段是（　　）。
   A. 概要设计　　　　　　　　　　　　B. 详细设计
   C. 可行性分析　　　　　　　　　　　D. 需求分析

6. 在面向对象的程序设计中，下列叙述中错误的是（　　）。
   A. 任何一个对象构成一个独立的模块
   B. 一个对象不是独立存在的实体，各个对象之间有关联，相互依赖

C. 下一层次的对象可以继承上一层次对象的某些属性

D. 上述三种说法都正确

7. 下列关于栈的描述中错误的是（　　　）。

A. 栈是先进后出的线性表

B. 栈只能顺序存储

C. 栈具有记忆作用

D. 对栈的插入与删除操作中，不需要改变栈底指针

8. 对长度为 n 的线性表进行顺序查找，在最坏情况下所需要的比较次数为（　　　）。

A. $\log_2 n$　　　　　　　　　　　　　　B. n/2

C. n　　　　　　　　　　　　　　　　　D. n+1

9. 下列对于软件测试的描述中正确的是（　　　）。

A. 软件测试的目的是证明程序是否正确

B. 软件测试的目的是使程序运行结果正确

C. 软件测试的目的是尽可能多地发现程序中的错误

D. 软件测试的目的是使程序符合结构化原则

10. 从数据库的整体结构看，数据库系统采用的数据模型有（　　　）。

A. 网状模型、链状模型和层次模型　　　B. 层次模型、网状模型和环状模型

C. 层次模型、网状模型和关系模型　　　D. 链状模型、关系模型和层次模型

11. 下面关于 Visual FoxPro 数组的叙述中，错误的是（　　　）。

A. 用 DIMENSION 和 DECLARE 都可以定义数组

B. Viaual FoxPro 只支持一维数组和二维数组

C. 一个数组中各个数组元素必须是同一种类型

D. 新定义数组的各个数组元素初值为.F.

12. 在下面的表达式中，运算结果为逻辑真的是（　　　）。

A. EMPTY(.NULL.)　　　　　　　　　　B. LIKE("edit","edi?")

C. AT("a","123abc")　　　　　　　　　　D. EMPTY(SPACE(10))

13. 函数 MOD（-4*4，-40/4）的值是（　　　）。

A. -6　　　　　　　　　　　　　　　　B. -4

C. 6　　　　　　　　　　　　　　　　　D. 4

14. 将一个项目编译为一个应用程序，下面的叙述正确的是（　　　）。

A. 所有项目包含的文件将组合为一个单一的应用程序文件

B. 选定的项目文件将组合为一个单一的应用程序文件

C. 所有项目排除的文件将组合为一个单一的应用程序文件

D. 所有的项目文件将组合为一个单一的应用程序文件

15. 与 FoxBase 相比，Visual FoxPro 中增加了（　　　）。
    A. 备注型字段　　　　　　　　　　　B. 屏幕型字段
    C. 日期型字段　　　　　　　　　　　D. 浮动型字段

16. 在指定字段或表达式中不允许出现重复值的索引是（　　　）。
    A. 惟一索引　　　　　　　　　　　　B. 惟一索引和候选索引
    C. 惟一索引和主索引　　　　　　　　D. 主索引和候选索引

17. 设 X=123，Y=456，Z="X+Y"，则表达式 6+&Z 的值是（　　　）。
    A. 6+&Z　　　　　　　　　　　　　　B. 6+X+Y
    C. 585　　　　　　　　　　　　　　　D. 错误提示

18. 以下关于内存变量的叙述中，错误的是（　　　）。
    A. 在 VFP 中，内存变量的类型取决于其值的类型
    B. 内存变量的类型可以改变
    C. 当内存变量与当前表中的字段变量同名时，系统优先访问内存变量
    D. 数组是按照一定顺序排列的一组内存变量

19. 将 A 区上的主库存文件按关键字段"XM"和 C 区上的辅库存文件建立关联的是（　　　）。
    A. SET RELA TO XM INTO C　　　　　B. SET RELA TO CINTO XM
    C. SET RELA TO XM TO C　　　　　　D. SET RELA ON XM INTO C

20. 命令？？的作用是（　　　）。
    A. 可输出两个表达式的值　　　　　　B. 向用户提问的提示符
    C. 只能显示变量的值　　　　　　　　D. 从当前光标处显示表达式的值

21. 在 Visual FoxPro 中，下面 4 个关于日期或日期时间的表达式中，错误的是（　　　）。
    A. {^2002.09.01 11:10:10AM}-{^2001.09.01 11:10:10AM}
    B. {^01/01/2002}+20
    C. {^2002.02.01}+{^2001.02.01}
    D. {^2002/02/01}-{^2001/02/01}

22. 在 Visual FoxPro 中，关于查询和视图的正确描述是（　　　）。
    A. 查询是一个预先定义好的 SQL SELECT 语句文件
    B. 视图是一个预先定义好的 SQL SELECT 语句文件
    C. 查询和视图是同一种文件，只是名称不同
    D. 查询和视图都是一个存储数据的表

23. 假设当前已打开数据表 XSDA.DBF，其字段为：姓名/C，学号/C，出生日期/D，总成绩/N，以下表达式中错误的是（　　）。

    A. ？"姓名"+姓名

    B. ？"学号"+学号

    C. ？"出生日期"+出生日期

    D. ？"总成绩"+STR（总成绩）

24. 依次执行下列命令后，输出结果是（　　）。

    YEAR="2002"

    ？"&YEAR+1"

    A. 2002+1

    B. 2003

    C. "2003"

    D. &YEAR+1

25. 以下程序执行后的显示结果是（　　）。

    主程序：AAA.PRG

    　　　　SET TALK OFF

    　　　　CLEAR

    　　　　X＝10

    　　　　Y＝20

    　　　　DO BBB

    　　　　？ X，Y

    子程序：BBB.PRG

    　　　　PRIVATE Y

    　　　　X＝80

    　　　　Y＝90

    　　　　RETURN

    A. 10 20

    B. 10 20

    C. 80 90

    D. 80 20

26. 以下给出的 4 种方法中，不能建立查询的是（　　）。

    A. 在项目管理器的"数据"选项卡中选择"查询"，然后单击"新建"按钮

    B. 选择"文件"菜单中的"新建"选项，打开"新建"对话框，再选择"查询"并单击"新建文件"按钮

    C. 在命令窗口中执行 CREATE QUERY 命令建立查询

    D. 在命令窗口中执行 SEEK 命令建立查询

27. 有关参照完整性的删除规则，正确的描述是（　　）。

    A. 如果删除规则选择的是"限制"，则当用户删除父表中的记录时，系统将自动删除子表中的所有相关记录

    B. 如果删除规则选择的是"级联"，则当用户删除父表中的记录时，系统将禁止删除与子表相关的父表中的记录

    C. 如果删除规则选择的是"忽略"，则当用户删除父表中的记录时，系统不负责做任何

— 143 —

工作

    D. 上面三种说法都不对

28. 在 Visual FoxPro 中，以下关于视图描述中错误的是（   ）。

    A. 通过视图可以对表进行查询   B. 通过视图可以对表进行更新

    C. 视图是一个虚表   D. 视图就是一种查询

29. 以下表达式运算后可以得到字符串 "VISUALFOXPRO" 的是（   ）。

    A. "VISUAL "+"FOXPRO"   B. "VISUAL "-"FOXPRO"

    C. "VISUAL"+"FOXPRO "   D. "VISUAL"-"FOXPRO"

30. SQL 语句中，SELECT 命令中 JOIN 短语用于建立表之间的联系，联接条件应出现在（   ）短语中。

    A. WHERE   B. ON

    C. HAVING   D. IN

31. 为顶层表单添加菜单时，如果在表单的 Init 事件代码中加入了命令 DO my.mpr WITH THIS，"aaa"，则在表单的 Destroy 事件代码为清除菜单而加入的命令应该是（   ）。

    A. DESRORY MENU mp.mpr EXTENDED

    B. RELEASE MENU my.mpr EXTENDED

    C. RELEASE MENU aaa EXTENDED

    D. DESTORY MENU aaa EXTENDED

32. 下列关于连编应用程序的说法中，正确的是（   ）。

    A. 连编项目成功后，再进一步进行连编应用程序，可保证连编的正确性

    B. 可随时连编应用程序

    C. 应用程序文件和可执行文件都可以在 Windows 中运行

    D. 应用程序文件和可执行文件都必须在 Visual FoxPro 中运行

第 33～35 题使用如下图书管理数据库：

图书（总编号 C（6），分类号 C（8），书名 C（16），作者 C（6），出版单位 C（20），单价 N（6，2））

读者（借书证号 C（4），单位 C（8），姓名 C（2），性别 C（2），职称 C（6），地址 C（20））

借阅（借书证号 C（4），总编号 C（6），借书日期 D）

33. 对于图书管理数据库，检索藏书中比电脑报出版社的所有图书的书价更高的图书。下面 SQL 语句正确的是（   ）。

SELECT*FROM 图书 WHERE 单价＞ALL；

A.（SELECT 书名 FROM 图书 WHERE 出版单位="电脑报出版社"）

B.（SELECT 单价 FROM 图书 WHERE 出版单位="电脑报出版社"）

C.（SELECT 单价 FROM 图书 WHERE 读者.借书证号=借阅.借书证号）

D.（SELECT 书名 FROM 图书 WHERE 读者.借书证号=借阅.借书证号）

34. 对于图书管理数据库，检索当前至少借阅了 5 本图书的读者的姓名，职称，所在单位。下面 SQL 语句正确的是（　　　）。

SELECT 姓名，职称，单位 FROM 读者 WHERE 借书证号 IN；

A.（SELECT 借书证号 FROM 借阅 GROUP BY 总编号 HAVING COUNT（*）>=5）

B.（SELECT 借书证号 FROM 读者 GROUP BY 借书证号 HAVING COUNT（*）>=5）

C.（SELECT 借书证号 FROM 借阅 GROUP BY 借书证号 HAVING SUM（*）>=5）

D.（SELECT 借书证号 FROM 借阅 GROUP BY 借书证号 HAVING COUNT（*）>=5）

35. 对于图书管理数据库，检索电脑报出版社的所有图书的情况，检索结果按单价升序排列。下面 SQL 语句正确的是（　　　）。

SELECT*FROM 图书 WHERE 出版单位="电脑报出版社"；

A. GROUP BY 单价 DESC   B. ORDER BY 单价 DESC

C. ORDER BY 单价 ASC   D. GROUP BY 单价 ASC

二、填空题

请将每一个空的正确答案写在答题卡【1】～【15】序号的横线上，答在试卷上不得分。

1. 在计算机软件系统的体系结构中，数据库管理系统位于用户和【1】之间。

2. 数据的组织和存储会直接影响算法的实现方式和【2】。

3. 计算机技术中，为解决一个特定问题而采取的特定的有限的步骤称为【3】。

4. 按数据流的类型，结构化设计方法有两种设计策略，它们是【4】和事务分析设计。

5. 算法运行过程中所耗费的时间称为算法的【5】。

6. 如果应用程序中的文件是只读的，应将该文件标为【6】。

7. 在程序中为了显示已创建的 Myform 表单对象，应使用【7】。

8. 定义字段有效性规则时，在"规则 R"右边的文本框中输入的表达式类型是【8】。

9. 与文件系统相比，数据库系统最突出的优点是【9】、【10】。

10. 表达式'Fox' $ 'Visual FoxPro'的值是【11】。

11. SQL 是一种高度非过程化的语言，它可以直接以【12】方式使用，也可以【13】方式使用。

12. 如下命令将"产品"表的"名称"字段名修改为"产品名称"
    ALTER TABLE 产品 RENAME 【14】 名称 TO 产品名称

13. 要在"成绩"表中插入一条记录，应该使用的 SQL 语句是：
    【15】成绩(学号,英语,数学,语文) VALUES("2001100111",91,78,86)

第 21 套

一、选择题

下列各题 A、B、C、D 四个选项中，只有一个选项是正确的，请将正确选项涂写在答题卡相应位置上，答在试卷上不得分。

1. 目前，一台计算机要连入 Internet，必须安装的硬件是（　　）。
   A. 调制解调器或网卡　　　　　　　　B. 集线器
   C. 网络操作系统　　　　　　　　　　D. Web 浏览器

2. 算法的时间复杂度是指（　　）。
   A. 执行算法程序所需要的时间
   B. 算法程序的长度
   C. 算法执行过程中所需要的基本运算次数
   D. 算法程序中的指令条数

3. 设有关系 R(S，D，M)，其函数依赖集 F={S→M，D→M}，则关系 R 至少满足（　　）。
   A. 1NF　　　　　　　　　　　　　　B. 2NF
   C. 3NF　　　　　　　　　　　　　　D. BCNF

4. 已知二叉树后序遍历序列是 dabec，中序遍历序列是 debac，它的前序遍历序列是（　　）。
   A. acbed　　　　　　　　　　　　　B. decab
   C. deabc　　　　　　　　　　　　　D. cedba

5. 以下关于数据库系统的叙述中，正确的是（　　）。
   A. 表中只存在字段之间的联系
   B. 表的字段之间和记录之间都不存在联系
   C. 表的字段之间和记录之间都存在联系
   D. 表的字段之间无联系，记录之间存在联系

6. 计算机系统的组成是（　　）。
   A. 主机、外设　　　　　　　　　　　B. 运算器、控制器
   C. 硬件系统和软件系统　　　　　　　D. CPU、存储器

7. 数据库管理系统 DBMS 中用来定义模式、内模式和外模式的语言为（　　）。
   A. C　　　　　　　　　　　　　　　B. Basic
   C. DDL　　　　　　　　　　　　　　D. DML

8. 软件工程是一种（　　）分阶段实现的软件程序开发方法。

    A．自底向上　　　　　　　　　　　　　B．自顶向下

    C．逐步求精　　　　　　　　　　　　　D．面向数据流

9. 下列有关数据库的描述，正确的是（　　）。

    A．数据处理是将信息转化为数据的过程

    B．数据的物理独立性是指当数据的逻辑结构改变时，数据的存储结构不变

    C．关系中的每一列称为元组，一个元组就是一个字段

    D．如果一个关系中的属性或属性组并非该关系的关键字，但它是另一个关系的关键字，则称其为本关系的外关键字

10. 以下代码可以被计算机直接执行的是（　　）。

    A．源代码　　　　　　　　　　　　　　B．高级程序代码

    C．机器语言代码　　　　　　　　　　　D．汇编语言代码

11. 在工作区 1 中已打开数据表 XS.DBF，则在工作区 3 再次打开的操作是（　　）。

    A．USE IN 3 AGAIN　　　　　　　　　　B．USE XS IN 3 AGAIN

    C．USE XS IN 3　　　　　　　　　　　　D．非法操作

12. 在创建数据库表结构时，为该表中一些字段建立普通索引，其目的是（　　）。

    A．改变表中记录的物理顺序　　　　　　B．为了对表进行实体完整性约束

    C．加快数据库表的更新速度　　　　　　D．加快数据库表的查询速度

13. 扩展名为 DBC 的文件是（　　）。

    A．表单文件　　　　　　　　　　　　　B．数据表文件

    C．数据库文件　　　　　　　　　　　　D．项目文件

14. Visual FoxPro 是一种关系型数据库管理系统，这里关系通常是指（　　）。

    A．数据库文件(dbc 文件)

    B．一个数据库中两个表之间有一定的关系

    C．表文件(dbf 文件)

    D．一个表文件中两条记录之间有一定的关系

15. 要改变表单上表格对象中当前显示的列数，应设置表格的（　　）。

    A．Controlsource 属性　　　　　　　　B．RecordSource 属性

    C．ColumnCount 属性　　　　　　　　　D．Name 属性

16. 使用菜单操作方法打开一个在当前已经存在的查询文件 zgik,qgr 后，在命令窗口生成的命令是（　　）。

    A．OPEN QUERY zgjk.qpr　　　　　　　B．MODIEY QUERY zgjk.qpr

C. DO QUERY zgjk.qpr   D. CREATE QUERY zgjk.qpr

17. 在逻辑运算中，3 种运算符的优先级别依次排列（　　　）。
    A. NOT.＞.AND.＞.OR.   B. AND.＞NOT.＞.0R.
    C. NOT.＞.OR.＞.AND.   D. OR.＞.AND.＞.NOT.

18. 连编应用程序不能生成的文件是（　　　）。
    A. .app 文件   B. .exe 文件
    C. .dll 文件   D. .prg 文件

19. 允许出现重复字段值的索引是（　　　）。
    A. 侯选索引和主索引   B. 普通索引和惟一索引
    C. 侯选索引和惟一索引   D. 普通索引和侯选索引

20. 关闭表单的程序代码是 ThisForm.Release，其中的 Release 是表单对象的（　　　）。
    A. 方法   B. 属性
    C. 事件   D. 标题

21. 以下关于视图的描述中，正确的是（　　　）。
    A. 视图结构可以使用 MODIFY STRUCTURE 命令来修改
    B. 视图不能同数据库表进行联接操作
    C. 视图不能进行更新操作
    D. 视图是从一个或多个数据库表中导出的虚拟表

22. 执行下列命令后显示的结果是（　　　）。
    X＝"Visual FoxPro is OK"
    ? AT（"Fox"，X）
    A. 8   B. 6
    C. 7   D. 2

23. 下列关于视图的说法中，不正确的是（　　　）。
    A. 在 Visual FoxPro 中，视图是一个定制的虚拟表
    B. 视图可以是本地的、远程的、但不可以带参数
    C. 视图可以引用一个或多个表
    D. 视图可以引用其他视图

24. Visual FoxPro 的"参照完整性"中"插入规则"包括的选择是（　　　）。
    A. 级联和忽略   B. 级联和删除
    C. 级联和限制   D. 限制和忽略

25. 下列选项错误的是（ ）。
  A. 数组可用 Dimension 和 Declare 来定义
  B. VFP 中没有三维数组
  C. VFP 中数组各元素缺省值为 0
  D. VFP 中最多可有 65000 个数组

26. VFP 参照完整性规则不包括（ ）。
  A. 更新规则   B. 查询规则
  C. 删除规则   D. 插入规则

27. 下面关于查询设计器的正确描述是（ ）。
  A. 用 CREATE VIEW 命令打开查询设计能建立查询
  B. 使用查询设计器生成的 SQL 语句存盘后将存放在扩展名为 QPR 的文件中
  C. 使用查询设计器可以生成所有的 SQL SELECT 查询语句
  D. 使用 DO<查询文件名>命令执行查询时，查询文件可以不带扩展名

28. 如下 SQL 语句
  SELECT SUM（工资） FROM 职工
  的执行结果是（ ）。
  A. 工资的最大值   B. 工资的最小值
  C. 工资的平均值   D. 工资的合计

29. 假设某个表单中有一个命令按钮 cmdClose，为了实现当用户单击此按钮时能够关闭该表单的功能，应在该按钮的 Click 事件中写入语句（ ）。
  A. ThisForm.Close   B. ThisForm.Erase
  C. ThisForm.Release   D. ThisForm.Return

30. 连编后可以脱离开 Visual FoxPro 独立运行的程序是（ ）。
  A. APP 程序   B. EXE 程序
  C. FXP 程序   D. PRG 程序

31. 对数据库中职称为教授和副教授的记录的工资总额进行统计，并将其统计结果赋给变量 GZ，可以使用的命令有（ ）。
  A. SUM 工资 to GZ FOR   职称＝"教授".AND. "副教授"
  B. SUM 工资 to GZ FOR   职称＝"教授".OR. "副教授"
  C. SUM 工资 to GZ FOR   职称＝"教授".AND.职称="副教授"
  D. SUM 工资 to GZ FOR   职称＝"教授".OR.职称="副教授"

32. 给出在车间"W1"或"W2"工作，并且工资小于 2000 的职工姓名，正确的命令是（ ）。
  A. SELECT 姓名 FROM 车间

WHERE 工资<2000 AND 车间＝＂W1＂ OR 车间＝＂W2＂

    B. SELECT 姓名 FROM 车间

       WHERE 工资<2000 AND（车间＝＂W1＂ OR 车间＝＂W2＂）

    C. SELECT 姓名 FROM 车间；

       WHERE 工资<2000 OR 车间＝＂W1＂ OR 车间＝＂W2＂

    D. SELECT 姓名 FROM 车间；

       WHERE 工资<2000 AND（车间＝＂W1＂ OR 车间＝＂W2＂）

33. VFP 的参照完整性包括（　　）。

    A. 更新规则　　　　　　　　　　　　B. 插入规则

    C. 查询规则　　　　　　　　　　　　D. 更新规则、插入规则、删除规则

34. 以下程序运行后输出结果是（　　）。

```
DECLARE A(6)
K=2
DO WHILE K<=6
   A(K)=20-2*K
   K=K+1
ENDDO
FOR K=5 TO 2 STEP-1
   A(K)=A(K)/(A(4)-10)
ENDFOR
?A(1), A(6)
RETURN
```

    A. .T.　　8　　　　　　　　　　　　B. .F.　　8

    C. 10　　8　　　　　　　　　　　　　D. 10　　4

35. 在 SQL 的 SELECT 查询结果中，消除重复记录的方法是（　　）。

    A. 通过指定主关系键　　　　　　　　B. 通过指定惟一索引

    C. 使用 DISTINCT 子句　　　　　　　D. 使用 HAVING 子句

二、填空题

请将每一个空的正确答案写在答题卡【1】～【15】序号的横线上，答在试卷上不得分。

1. 长度为 n 的顺序存储线性表中，当在任何位置上插入一个元素概率都相等时，插入一个元素所需移动元素的平均个数为【1】。

2. 关系数据库的关系演算语言是以【2】为基础的 DML 语言。

3. 在长度为 n 的有序线性表中进行二分查找，需要的比较次数为【3】。

4. 当循环队列非空且队尾指针等于队头指针时，说明循环队列已满，不能进行入队运算。这种情况称为【4】。

5. 当数据的物理结构（存储结构、存取方式等）改变时，不影响数据库的逻辑结构，从而不致引起应用程序的变化，这是指数据的【5】。

6. 若 M=3，N=6，L="M+N"，则表达式&L%3 的值是【6】。

7. 在 2 号工作区打开"学生管理"数据库中的"学生"表（别名为 xsh），使用的语句是【7】。

8. 用函数 RECNO（）测试一个空数据表文件，其结果是【8】。

9. 建立数据库的方法有 3 种，即在项目管理器中建立数据库、通过"新建"对话框建立数据库和使用【9】命令建立数据库。

10. 执行下列命令后，输出结果是【10】。
工资=880.00
gz="工资"
? gz, &gz

11. 条件函数 IF（LEN（SPACE（3））>2，1，−1）的返回值是【11】。

12. 录入记录有多种方法，可以在表结构建立时录入数据，也可以使用【12】命令向表中追加记录。

13. 查询设计器的分组选项卡对应于 SQL SELECT 语句的【13】短语和【14】短语，用于分组。

14. 设有 s（学号，姓名，性别）和 sc（学号，课程号，成绩）两个表，下面 SQL 的 SELECT 语句检索选修的每门课程的成绩都高于或等于 85 分的学生的学号、姓名和性别。
SELECT 学号，姓名，性别 FROM s
WHERE 【15】 (SELECT * FROM sc WHERE sc.学号=s.学号 AND 成绩<85)

第 22 套

一、选择题

下列各题 A、B、C、D 四个选项中，只有一个选项是正确的，请将正确选项涂写在答题卡相应位置上，答在试卷上不得分。

1. 下列有关数据库的描述，正确的是（   ）。
   A. 数据库是一个 DBF 文件
   B. 数据库是一个关系
   C. 数据库是一个结构化的数据集合
   D. 数据库是一组文件

2. 软件测试的目的是（   ）。
   A. 证明程序正确
   B. 找出程序全部错误
   C. 尽量不发现程序错误
   D. 发现程序的错误

3. 已知一棵二叉树前序遍历和中序遍历分别为 ABDEGCFH 和 DBGEACHF，则该二叉树的后序遍历为（   ）。
   A. GEDHFBCA
   B. DGEBHFCA
   C. ABCDEFGH
   D. ACBFEDHG

4. 在数据库系统阶段，数据（   ）。
   A. 具有物理独立性，没有逻辑独立性
   B. 具有逻辑独立性，没有物理独立性
   C. 物理独立性和逻辑独立性较差
   D. 具有较高的物理独立性和逻辑独立性

5. 存储在计算机存储设备上、结构化的相关数据的集合称为（   ）。
   A. 数据结构
   B. 数据库
   C. 数据库系统
   D. 数据库管理系统

6. 软件计划是软件开发的早期和重要阶段，此阶段要求互相配合的是（   ）。
   A. 设计人员和用户
   B. 分析人员和用户
   C. 分析人员、设计人员和用户
   D. 编码人员和用户

7. 在七类内聚中具有最强内聚的一类是（   ）。
   A. 功能内聚
   B. 通讯内聚
   C. 偶然内聚
   D. 顺序内聚

8. 在计算机领域中，所谓"裸机"是指（　　）。
   A. 单片机
   B. 单板机
   C. 不安装任何软件的计算机
   D. 只安装操作系统的计算机

9. 一个班级有多个学生，每个学生只能属于一个班级，班级与学生之间是（　　）。
   A. 一对一的联系
   B. 一对多的联系
   C. 多对一的联系
   D. 多对多的联系

10. 不属于基本操作系统的是（　　）。
   A. 批处理操作系统
   B. 分时操作系统
   C. 实时操作系统
   D. 网络操作系统

11. 在 Visual FoxPro 中，函数 ROUND（123.567，2）的值是（　　）。
   A. 1234.57
   B. 1234.56
   C. 1235
   D. 1234

12. Visual FoxPro 是一种关系数据库管理系统，所谓关系是指（　　）。
   A. 二维表中各条记录中的数据彼此有一定的关系
   B. 二维表中各个字段彼此有一定的关系
   C. 一个表与另一个表之间有一定的关系
   D. 数据模型符合满足一定条件的二维表格式

13. Visual FoxPro 6.0 属于（　　）。
   A. 网状数据库系统
   B. 层次数据库系统
   C. 关系数据库系统
   D. 分布式数据库系统

14. Visual FoxPro 6.0 通过哪些工具提供了简便、快速的开发方法（　　）。
   A. 向导和设计器
   B. 向导和生成器
   C. 设计器和生成器
   D. 以上全部

15. Visual FoxPro 启动后，在命令窗口中，执行命令文件 MAIN.PRG 使用的命令是（　　）。
   A. !MAIN
   B. DO MAIN
   C. MAIN
   D. RUN MAIN

16. 修改表单 MyForm 的正确命令是（　　）。
   A. MODIFY COMMAND MyForm
   B. MODIFY FORM MyForm
   C. DO MyForm
   D. EDIT MyForm

17. 如果将一个数据库表设置为"包含"状态，那么系统连编后，该数据库表将（　　）。
   A. 成为自由表
   B. 包含在数据库中

C. 可以随时编辑修改　　　　　　　　　D. 不能编辑修改

18. 下列说法中错误的是（　　　）。
    A. 新添加的数据库文件被设置为"排除"
    B. 不能将数据库文件设置为"包含"
    C. 在项目管理器中设置为"排除"的文件名左侧有符号
    D. 被指定为主文件的文件不能设置为"排除"

19. 执行下列程序
    CLEAR
    DO A
    RETURN
    PROCEDURE A
    S = 5
    DO B
    ? S
    RETURN
    PROCEDURE B
    S = S+10
    RETURN
    程序的运行结果为（　　　）。
    A. 5　　　　　　　　　　　　　　　　B. 10
    C. 15　　　　　　　　　　　　　　　　D. 程序错误，找不到变量

20. 在项目管理器中，如果向其中添加一个文件，那么对这个文件的要求是（　　　）。
    A. 此文件必须是"自由的"，且没有被使用过
    B. 没有什么要求
    C. 只要求没有被其他数据库使用
    D. 此文件必须是"自由的"，但可以被其他数据库使用

21. 执行命令 SET DELETED OFF 后，则（　　　）。
    A. 执行记录删除命令时，不提示信息
    B. 显示记录时不忽略带删除标记的记录
    C. 取消表文件记录的删除标记
    D. 显示记录时忽略带删除标记的记录

22. 在当前表中，查找第 2 个男同学的记录，应使用命令（　　　）。
    A. LOCATE FOR 性别＝″男″　 NEXT 2
    B. LOCATE FOR 性别＝″男″
    C. LOCATE FOR 性别＝″男″

CONTINUE
D. LIST FOR 性别＝〞男〞 NEXT 2

23. ABC.DBF 是一个具有两个备注型字段的数据表文件，若使用 COPY TO TEMP 命令进行复制操作，其结果是（　　）。
   A. 得到一个新的数据表文件
   B. 得到一个新的数据表文件和一个新的备注文件
   C. 得到一个新的数据表文件和两个新的备注文件
   D. 错误信息，不能复制带有备注型字段的数据表文件

24. 下列有关数据库的描述，正确的是（　　）。
   A. 数据处理是将信息转化为数据的过程
   B. 数据的物理独立性是指当数据的逻辑结构改变时，数据的存储结构不变
   C. 关系中的每一列称为元组，一个元组就是一个字段
   D. 如果一个关系中的属性或属性组并非该关系的关键字，但它是另一个关系的关键字，则称其为本关系的外关键字

25. Visual FoxPro 的报表文件.FRX 中保存的是（　　）。
   A. 打印报表的预览格式　　　　　　　　B. 打印报表本身
   C. 报表的格式和数据　　　　　　　　　D. 报表设计格式的定义

26. 在 Visual FoxPro 中，可以使用的变量有（　　）。
   A. 内存变量、字段变量和系统内存变量　　B. 全局变量和局部变量
   C. 字段变量和简单变量　　　　　　　　D. 内存变量和自动变量

27. 在"职工档案"库文件中，婚否是 L 型字段，性别是 C 型字段，若检索"已婚的女同志"，应该用的逻辑表达式是（　　）。
   A. 婚否，OR.(性别="女")　　　　　　B. (婚否=.T.).AND.(性别="女")
   C. 婚否.AND.(性别="女")　　　　　　D. 已婚.OR.(性别="女")

28. 在 Visual FoxPro 中，以下关于删除记录的描述，正确的是（　　）。
   A. SQL 的 DELETE 命令在删除数据库表中的记录之前，不需要用 USE 命令打开表
   B. SQL 的 DELETE 命令和传统 Visual FoxPro 的 DELETE 命令在删除数据库表中的记录之前，都需要用 USE 命令打开表
   C. SQL 的 DELETE 命令可以物理地删除数据库表中的记录，而传统 Visual FoxPro 的 DELETE 命令只能逻辑删除数据库表中的记录
   D. 传统 Visual FoxPro 的 DELETE 命令在删除数据库表中的记录之前不需要用 USE 命令打开表

29. 当前表中有 5 个字段：学号、姓名、英语、数学和计算机，记录指针指向一个非空的记

录。要使用 SCATTER TO X 命令把当前记录的字段值存到数组 X 中，数组 X （　　）。

    A. 必须用 DIMENSION 命令事先定义

    B. 必须用 DECLARE 命令事先定义

    C. 必须用 DIMENSION 命令或 DECLARE 命令事先定义

    D. 可以用 DIMENSION 命令或 DECLARE 命令事先定义，也可以不事先定义

30. 要在工资表中快速查询某职工的基本工资，应该用（　　）命令建立单索引文件。

    A. INDEX ON　基本工资　TO GZ　　　　B. INDEX ON　姓名　TO XM

    C. INDEX TO GZI ON　基本工资　　　　　D. INDEX TO BM ON　部门

31. 从项目文件 mysub 中连编 APP 应用程序文件 mpcom 的命令是（　　）。

    A. BUILD EXE mpcom FROM mysub　　　B. BUILD EXE mysub FROM mycom

    C. BUILD APP mycom FROM mysub　　　　D. BUILD APP mysub FROM mycom

32. 在 Visual FoxPro 中，用于建立或修改过程文件的命令是（　　）。

    A. MODIFY<文件名>　　　　　　　　　　B. MODIFY COMMAND<文件名>

    C. MODIFY PROCEDURE<文件名>　　　　D. 选项 B. 和 C. 都对

33. 设有学生数据库 XSH.DBF(包括学号、姓名等字段)，课程数据库 KCH.DBF(包括课程号、课程名等字段)和选修课数据库 XK.DBF(包括学号、课程号、成绩等字段)和下述命令序列：

    SELE 0

    USE XSH ALIAS KX

    INDEX ON　学号　TO XH1

    SELE 0

    USE KCH ALIAS KK

    INDEX ON　课程号　TO XH2

    SELE 0

    USE XK

    SET RELATION TO　学号　INTO KX

    SET RELATION TO　课程号　INTO KK ADDITIVE

    执行上述命令序列后，以下查询命令一定正确的是（　　）。

    A. LIST　学号，姓名，课程号，成绩

    B. LIST　学号，A->姓名，B->课程，成绩

    C. LIST　学号，KX->姓名，KK->课程号，成绩

    D. LIST　学号，XSH->姓名，KCH->课程名，成绩

34. 在当前目录下有数据库文件 xsdak，数据库中有表文件 stu.dbf，执行如下 SQL 语句后，则（　　）。

    SELECT * FORM student INTO DBF xsdak ORDER BY 学号

A．生成一个按"学号"升序的表文件 xsdak.dbf

B．生成一个按"学号"降序的表文件 xsdak.dbf

C．生成一个新的数据库文件 xsdak.dbc

D．系统提示出错信息

35．如果要创建一个三级数据分组报表，第一个分组表达式为"部门"，第二个分组表达式为"性别"，第三个分组表达式为"基本工资"，则当前索引的索引关键字表达式应该是（　　）。

A．部门＋性别＋基本工资　　　　　　B．部门＋性别＋STR（基本工资）

C．性别＋部门＋SIT（基本工资）　　　D．STR（基本工资）＋性别＋部门

二、填空题

请将每一个空的正确答案写在答题卡【1】～【15】序号的横线上，答在试卷上不得分。

1．面向对象的模型中，最基本的概念是对象和【1】。

2．数据模型按不同应用层次分成 3 种类型，它们是概念数据模型、【2】和物理数据模型。

3．软件设计模块化的目的是【3】。

4．已知 int a[ll]={12，18，24，35，47，50，62，83，90，115，134}；使用对分查找法查找值为 90 的元素时，查找成功所进行的比较次数是【4】。

5．最简单的交换排序方法是【5】。

6．要改变表单上表格对象中当前显示的列数，应设置表格的【6】属性。

7．Visual FoxPro 6.0 中结构复合索引文件的扩展名是【7】。

8．用一条命令给 A1、A2 同时赋以数值 20 的语句是【8】。

9．在 SQL SELECT 语句中，要去掉查询结果中的重复值应该使用【9】关键字。

10．用来设置复选框标题（显示在复选框旁的文字）的属性是【10】。

11．查询所藏图书中，有两种及两种以上图书的出版社所出版图书的最高单价，使用 SQL 语句：

SELECT 出版单位，【11】FROM GROUP BY 出版社 HAVING

12．假设在图书管理数据库中有图书.dbf，结构如下：

图书（总编号 C（6），分类号 C（8），书名 C（16），作者 C（6），出版单位 C（20），
单价 N（6，2））

若要检索单价在 15 元到 25 元（含 15 元和 25 元）之间的所有图书情况，结果按单价升
序排列，请填空。

SELECT*FROM 图书 WHERE【12】ORDER BY【13】。

13. 将当前表中所有的学生年龄加 1，可使用命令：【14】 年龄 WITH 年龄＋1

14. 为了改变表格对象中各列的显示顺序，应该重新设置列控件的【15】属性。

第 23 套

一、选择题

下列各题 A、B、C、D 四个选项中，只有一个选项是正确的，请将正确选项涂写在答题卡相应位置上，答在试卷上不得分。

1. 下列不属于软件工程的 3 个要素的是（　　）。
    A. 工具
    B. 过程
    C. 方法
    D. 环境

2. 目前，计算机病毒传播最快的途径是（　　）。
    A. 通过软件复制
    B. 通过网络传播
    C. 通过磁盘拷贝
    D. 通过软盘拷贝

3. 下列对于线性链表的描述中正确的是（　　）。
    A. 存储空间不一定连续，且各元素的存储顺序是任意的
    B. 存储空间不一定连续，且前件元素一定存储在后件元素的前面
    C. 存储空间必须连续，且前件元素一定存储在后件元素的前面
    D. 存储空间必须连续，且各元素的存储顺序是任意的

4. 软件详细设计主要采用的方法是（　　）。
    A. 模块设计
    B. 结构化设计
    C. PDL 语言
    D. 结构化程序设计

5. 在关系模型中，一个关系对应即是我们通常所说的（　　）。
    A. 一张表
    B. 数据库
    C. 图
    D. 模型

6. 软件危机爆发之后，荷兰科学家 Bijkstra 在 1968 年提出了一种新的程序设计思想，它就是（　　）。
    A. 面向对象的程序设计
    B. 结构化程序设计
    C. 面向模块的程序设计
    D. 嵌入式程序设计

7. 检查软件产品是否符合需求定义的过程称为（　　）。
    A. 确认测试
    B. 集成测试
    C. 验证测试
    D. 验收测试

8. 面向数据流的设计方法可以直接把数据流图映射成软件结构。对于变换流，除了输入模块、变换模块和输出模块外还需要一个（　　）。
   A. 调度模块　　　　　　　　　　　B. 主控模块
   C. 平衡模块　　　　　　　　　　　D. 等价模块

9. 在数据库系统的组织结构中，把概念数据库与物理数据库联系起来的映射是（　　）。
   A. 外模式／模式　　　　　　　　　B. 内模式／外模式
   C. 模式／内模式　　　　　　　　　D. 模式／外模式

10. 结构化方法的核心和基础是（　　）。
    A. 结构化分析方法　　　　　　　　B. 结构化设计方法
    C. 结构化设计理论　　　　　　　　D. 结构化编程方法

11. VFP 编译后的程序文件的扩展名为（　　）。
    A. PRG　　　　　　　　　　　　　B. EXE
    C. DBC　　　　　　　　　　　　　D. FXP

12. 在 Visual FoxPro 中，在命令窗口输入 CREATE DATABASE 命令，系统产生的结果是（　　）。
    A. 系统会弹出"打开"对话框，请用户选择数据库名
    B. 系统会弹出"创建"对话框，请用户输入数据库名并保存
    C. 系统会弹出"保存"对话框，请用户输入数据库名并保存
    D. 出错信息

13. 要为当前表中所有学生的总分加 5，应该使用的命令是（　　）。
    A. CHANGE 总分 WITH 总分+5　　　　　B. REPLACE 总分 WITH 总分+5
    C. CHANGE ALL 总分 WITH 总分+5　　　D. REPLACE ALL 总分 WITH 总分+5

14. 下列关于索引的叙述中，不正确的是（　　）。
    A. Visual FoxPro 支持两种索引文件：单一索引文件和复合索引文件
    B. 打开和关闭索引文件均使用 SET INDEX TO 命令
    C. 索引的类型有主索引、侯选索引、惟一索引和普通索引
    D. 索引文件不随库文件的关闭而关闭

15. 下面是关于"类"的描述，错误的是（　　）。
    A. 一个类包含了相似的有关对象的特征和行为方法
    B. 类只是实例对象的抽象
    C. 类可以按所定义的属性、事件和方法进行实际的行为操作
    D. 类并不进行任何行为操作，它仅仅表明该怎样做

16. 假设表中共有 10 条记录，执行下列命令后，屏幕所显示的记录号顺序是（　　　）。

    USE ABC.dbf
    GOTO 6
    LIST NEXT 5
    A. 1 ～ 5   B. 1 ～ 6
    C. 5 ～ 10   D. 6 ～10

17. 在提示符下，要修改数据库 TEST.DBF 的结构，应用命令（　　　）。
    A. MODI STRU TEST   B. MODI COMM TEST
    C. EDIT STRU TEST   D. TYPE TEST

18. Visual Foxpro 的 ZAP 命令可以删除当前数据库文件的（　　　）。
    A. 结构和所有记录   B. 所有记录
    C. 满足条件的记录   D. 有删除标记的记录

19. 以下叙述正确的是（　　　）。
    A. 在数据库存中，每个字段都应有一个唯一的名字
    B. 数值型字段的宽度包括整数位和小数位，但不包括小数点
    C. 数据的格式通常由字段名、数据类型和宽度三个结构属性组成
    D. CREATE 命令只能用于建立数据库存结构

20. 下列有关自由表的叙述中，正确的是（　　　）。
    A. 自由表不能添加到数据库中
    B. 自由表可以添加到数据库中，数据库表也可以从数据库中移出成为自由表
    C. 自由表可以添加到数据库中，但数据库表不能从数据库中移出成为自由表
    D. 自由表是用早期版本的 FoxPro 建立的表

21. 在 Visual FoxPro 中，以独占方式打开数据库文件的命令短语是（　　　）。
    A. EXCLUSIVE   B. SHARED
    C. NOUPDATE   D. VALIDATE

22. 在 Visual FoxPro 中，数据库文件和数据表文件的扩展名分别是（　　　）。
    A. .DBF 和.DCT   B. .DBC 和.DCT
    C. .DBC 和.DCX   D. .DBC 和.DBF

23. 在 VFP 中进行参照完整性设置时，要想设置成：当更改父表中的主关键字段或候选关键
    字段时，自动更改所有相关子表记录中的对应值，应选择（　　　）。
    A. 限制   B. 忽略
    C. 级联   D. 级联或限制

24. 有如下程序：

```
SET TALK OFF
DIMENSION K（2，3）
I=1
DO WHILE I<=2
J=1
DO WHILEI<=3
K(I,J)=I*J
??K(I,J)
??" "
J=J+1
ENDDO
?
I=I+1
ENDDO
RETURN
```

运行此程序的结果是（　　　）。

A. 1 2 3
   2 4 6

B. 1 2
   3 2

C. 1 2 3
   1 2 3

D. 1 2 3
   1 4 9

25. 以下关于数据环境和数据环境中两个表间关系的叙述中，正确的是（　　　）。

A. 数据环境是对象，关系不是对象

B. 二者都不是对象

C. 数据环境是对象，关系是数据环境中的对象

D. 数据环境不是对象，关系是对象

26. 假设有菜单文件 mainmu.mnx，下列说法正确的是（　　　）。

A. 在命令窗口利用 DO mainmu 命令，可运行该菜单文件

B. 首先在菜单生成器中，将该文件生成可执行的菜单文件 mainmu.mpr，然后在命令窗口执行命令：DO mainmu.mpr 可运行该菜单文件

C. 首先在菜单生成器中，将该文件生成可执行的菜单文件 mainmu.mpr，然后在命令窗口执行命令：DO mainmu.mpr 可运行该菜单文件

D. 首先在菜单生成器中，将该文件生成可执行的菜单文件 mainmu.mpr，然后在命令窗口执行命令：DO MEMU mainmu 可运行该菜单文件

27. 在 Visual FoxPro 中，通用型字段 G 和备注型字段 M 在表中的宽度都是（　　　）。

A. 2 个字节

B. 4 个字节

C. 8 个字节

D. 10 个字节

28. 以下对数组的描述中，错误的是（　　）。

A. 使用 DIMENSION 和 DECLARE 来定义数组是没有区别的

B. 刚定义的数组中每个元素都是没有值的

C. VFP 中只有一维数组和二维数两种

D. 同一数组中的各元素不但取值可以不同，数据类型也可以不同

29. 将正在运行的 Visual FoxPro 表单从内存中释放的正确语句是（　　）。

A. ThisForm.Close　　　　　　　　B. ThisForm.Clear

C. ThisForm.Release　　　　　　　D. ThisForm.Refresh

30. 下面程序的输出结果是（　　）。

S1＝″计算机等级考试二级″

S2＝″Visual FoxPro 考试″

STORE　　　　S1＋S2　TO　S3

?　S3 $ ″二级　Visual FoxPro″

A. .T.　　　　　　　　　　　　　　B. Visual FoxPro 考试

C. .F.　　　　　　　　　　　　　　D. 计算机等级考试等级 Visual FoxPro 考试

31. 所创建的表单对象 MyForm 中已添加了 Command1 按钮对象，下面程序中不能修改 Command1 按钮的 Caption 属性的命令是（　　）。（假定所创建表单对象的 Click 事件也可以修改 Command1 对象的 Caption 属性。）

A. WITH Command1 of Myform　　　B. WITH MyForm.Command1
　　.Caption="退出"　　　　　　　　　.Caption="退出"
　　ENDWITH　　　　　　　　　　　　ENDWITH

C. Myform.Click　　　　　　　　　D. Myform.Command1.Caption="退出"

32. 以下关于"视图"的描述正确的是（　　）。

A. 视图保存在项目文件中　　　　　B. 视图保存在数据库中

C. 视图保存在表文件中　　　　　　D. 视图保存在视图文件中

33. 关闭表单的程序代码是 ThisForm.Release，Release 是（　　）。

A. 表单对象的标题　　　　　　　　B. 表单对象的属性

C. 表单对象的事件　　　　　　　　D. 表单对象的方法

第 34~35 题使用如下三个数据库表：

学生表：S(学号，姓名，性别，出生日期，院系)

课程表：C(课程号，课程名，学时)

选课成绩表：SC(学号，课程号，成绩)

在上述表中，出生日期数据类型为日期型，学时和成绩为数值型，其他均为字符型。

34. 用 SQL 命令查询选修的每门课程的成绩都高于或等于 85 分的学生的学号和姓名，正确的命令是（   ）。
   A. SELECT 学号,姓名 FROM S WHERE NOT EXISTS;
      (SELECT * FROM SC WHERE SC.学号 = S.学号 AND 成绩 <85)
   B. SELECT 学号,姓名 FROM S WHERE NOT EXISTS;
      (SELECT * FROM SC WHERE SC.学号 = S.学号 AND 成绩 >=85)
   C. SELECT 学号,姓名 FROM S,SC
      WHERE S.学号 =SC.学号 AND 成绩 >=85
   D. SELECT 学号,姓名 FROM S,SC
      WHERE S.学号 =SC.学号 AND ALL 成绩 >=85

35. 用 SQL 语言检索选修课程在 5 门以上（含 5 门）的学生的学号、姓名和平均成绩，并按平均成绩降序排序，正确的命令是（   ）。
   A. SELECT S.学号,姓名,平均成绩 FROM S,SC;
      WHERE S.学号 =SC.学号;
      GROUP BY S.学号 HAVING GOUNT(*)>=5 ORDER BY 平均成绩 DESC
   B. SELECT 学号,姓名,AVG(成绩) FROM S,SC;
      WHERE S.学号=SC.学号 AND COUNT(*)>=5;
      GROUP BY 学号 ORDER BY 3 DESC
   C. SELECT S.学号,姓名,AVG(成绩) 平均成绩 FROM S,SC;
      WHERE S.学号 =SC.学号 AND COUNT(*)>=5;
      GROUP BY S.学号 ORDER BY 平均成绩 DESC
   D. SELECT S.学号,姓名,AVG(成绩) 平均成绩 FROM S,SC;
      WHERE S.学号 =SC.学号;
      GROUP BY S.学号 HAVING COUNT(*)>=5 ORDER BY 3 DESC

二、填空题

请将每一个空的正确答案写在答题卡【1】～【15】序号的横线上，答在试卷上不得分。

1. 数据类型包括简单数据类型和复合数据类型。复合数据类型又包括类、数组、【1】。

2. 栈通常采用的两种存储结构是线性存储结构和【2】结构。

3. 数据库设计分为以下 6 个阶段：需求分析阶段、【3】、逻辑设计阶段、物理设计阶段、实施阶段、运行和维护阶段。

4. 根据数据结构中各数据元素之间前后件关系的复杂程度，一般将数据结构分成【4】。

5. 当访问一个空对象的变量或方法和访问空数组元素时，会出现【5】异常。

6. 调用调试器的方法是：选择工具菜单中的"调试器"选项，或者在命令窗口中执行命令【6】。

7. SQL 的操作语句包括 INSERT、UPDATE 和【7】。

8. 表达式.NOT.("A">"B" .AND. 3*6<20 .OR."ART">"ARS")的值是【8】。

9. 在 ALTER TABLE 命令中用于删除字段的短语是【9】。

10. 检索当前"职工表"中全部姓"李"的职工记录，SQL 语句为：
SELECT * FROM 职工表 WHERE 姓名 【10】 ″李 *″

11. 假设有如下图书管理数据库中的图书.DBF 数据库表：
图书（编号 C（6），书名 C（16），作者 C（6），出版社名 C（20），单价 N（6，2））
如果要查询所藏图书中各个出版社图书的最高价格，平均单价和册数，请对下面的 SQL
语句填空。
SELECT 出版单位，MAX（价格），【11】，【12】；FROM【13】

12. 要指定命令按钮的标题文本需要对【14】属性进行设置。

13. 运行以下程序时，输入 6，输出结果是【15】。
INPUT "请输入一个正整数 n: " TO n
DIMENSION A(n)
FOR I=1 TO n
        A(I)=I
ENDFOR
DO P1 WITH A, n
CLEAR
FOR I=1 TO n
        ?? A(I)
NEXT
RETURN
PROCEDURE P1
PARA B, m
FOR J=1 TO m/2
        T=B(J)
        B(J)=B(m+1–J)
        B(m+1–J)=T
NEXT
RETURN

第 24 套

一、选择题

下列各题 A、B、C、D 四个选项中，只有一个选项是正确的，请将正确选项涂写在答题卡相应位置上，答在试卷上不得分。

1. 下列不属于线程生命周期的状态的是（　　　）。
   A. 新建状态
   B. 可运行状态
   C. 运行状态
   D. 解锁状态

2. 在数据库设计中，将 E−R 图转换成关系数据模型的过程属于（　　　）。
   A. 需求分析阶段
   B. 逻辑设计阶段
   C. 概念设计阶段
   D. 物理设计阶段

3. 对关键码集合 K={53，30，37，12，45，24，96}，从空二叉树开始逐个插入每个关键码，建立与集合 K 相对应的二叉排序树(又称二叉查找树)BST，若希望得到的 BST 高度最小，应选择的输入序列是（　　　）。
   A. 45，24，53，12，37，96，30
   B. 37，24，12，30，53，45，96
   C. 12，24，30，37，45，53，96
   D. 30，24，12，37，45，96，53

4. 简单数据类型不包括（　　　）。
   A. 数值类型
   B. 逻辑类型
   C. 字符类型
   D. 布尔类型

5. 在数据库设计过程中，所有用户关心的信息结构是（　　　），且该结构对整个数据库设计具有深刻影响。
   A. 设计结构
   B. 数据结构
   C. 概念结构
   D. 过程结构

6. 某学校的工资管理程序属于（　　　）。
   A. 系统程序
   B. 应用程序
   C. 工具软件
   D. 文字处理软件

7. 在计算机系统中，控制和管理各种资源、有效地组织多道程序运行的系统软件称作（　　　）。
   A. 文件系统
   B. 网络管理系统
   C. 操作系统
   D. 数据库管理系统

8. 以下不属于简单数据类型的是（　　　）。
   A. 整型数据
   B. 浮点型数据
   C. 布尔型数据
   D. 枚举类型

9. 一个对象的生命周期分为（　　　）三个阶段。
   A. 生成、清除和使用
   B. 使用、生成和清除
   C. 生成、使用和清除
   D. 清除、使用和生成

10. 开发软件时对提高开发人员工作效率至关重要的是（　　　）。
    A. 操作系统的资源管理功能
    B. 先进的软件开发工具和环境
    C. 程序人员的数量
    D. 计算机的并行处理能力

11. 将学生表按籍贯字段升序排列，如果籍贯（C，10）相同，则按学号（N，4）升序排列，
    下列语句正确的是（　　　）。
    A. INDEX ON 籍贯、学号 TO JGXH
    B. INDEX ON 籍贯＋学号 TO JGXH
    C. INDEX ON 籍贯，STR（学号，4）TO JGXH
    D. INDEX ON 籍贯＋STR（学号，4）TO JGXH

12. 对 VFP 中表单的描述正确的是（　　　）。
    A. 操作表单可以通过属性、事件和方法来完成
    B. VFP 提供了 Additem、Removeitem 和 Clear 等方法对列表框进行维护
    C. 设置表单属性，既可以在设计时通过对话框设置，也可以在运行时通过程序语句来
       设置
    D. 以上描述均正确

13. 为了合理组织数据，应遵循的设计原则是（　　　）。
    A. "一事一地"的原则，即一个表描述一个实体或实体之间的一种联系
    B. 用外部关键字保证有关联的表之间的联系
    C. 表中的字段必须是原始数据和基本数据元素，并避免在表之间出现重复字段
    D. 以上各原则都包括

14. 预览报表的命令是（　　　）。
    A. PREVIEW REPORT
    B. REPORT FORM……PREVIEW
    C. PRINT REPORT…PREVIEW
    D. REPORT…PREVIEW

15. 在修改数据表文件的结构时，应使用命令（　　　）。
    A. MODIFY COMMAND
    B. CREATE
    C. MODIFY STRUCTURE
    D. CREATE FROM

16. ABC.DBF 是一个具有两个备注型字段的数据库文件，使用 COPY TO PSQ 命令进行复制操作，其结果将（　　）。

   A. 得到一个新的数据库文件

   B. 得到一个新的数据库文件和一个新的备注文件

   C. 得到一个新的数据库文件和两个新的备注文件

   D. 显示错误信息，表明不能复制具有备注型字段的数据库文件

17. 下列字符型常量的表示中，错误的是（　　）。

   A. ′65＋13′　　　　　　　　　　　B. [″电脑商情″]

   C. [[中国]]　　　　　　　　　　　D. ′[　x ＝ y]′

18. Visual FoxPro 是一种关系数据库管理系统，所谓关系是指（　　）。

   A. 表中各条记录彼此有一定关系

   B. 表中各个字段彼此有一定关系

   C. 一个表与另一个表之间有一定关系

   D. 数据模型符合满足一定条件的二维表格式

19. 在图书.DBF 文件中，书号字段为字符型。若要将书号以字母 D 开头的记录都加上删除标记，则应使用命令（　　）。

   A. DELETE FOR "D" $ 书号

   B. DELETE FOR　书号　＝D*

   C. DELETE FOR SUBSTR(书号, 1, 1) ＝ "D"

   D. DELETE FOR RIGHT(书号, 1) ＝ "D"

20. 项目管理器中包括的选项卡有（　　）。

   A. 数据选项卡、菜单选项卡和文档选项卡

   B. 数据选项卡、文档选项卡和其他选项卡

   C. 数据选项卡、表单选项卡和类选项卡

   D. 数据选项卡、表单选项卡和报表选项卡

21. 要将数据库表从数据库中移出成为自由表，可使用命令（　　）。

   A. DELETE TABLE ＜数据表名＞　　　　B. REMOVE TABLE＜数据表名＞

   C. DROP TABLE＜数据表名＞　　　　　D. RELEASE TABLE＜数据表名＞

22. 以下有关数组的叙述中，错误的是（　　）。

   A. 一个数组中各元素的数据类型可以相同，也可以不同

   B. 在可以使用简单内存变量的地方都可以使用数组元素

   C. 可以用一维数组的形式访问二维数组

   D. 在同一个环境下，数组与内存变量可以同名，二者互不影响

23. 要将数据库"考生库"文件及其所包含的数据库表文件放入回收站，下列命令正确的是（　　）
    A. DELETE　DATABASE 考生库
    B. DELETE　DATABASE 考生库 RECYCLE
    C. DELETE　DATABASE 考生库 DELETETABLES
    D. DELETE　DATABASE 考生库 DELETETABLES RECYCLE

24. 定义全局型变量，使用的命令是（　　）。
    A. PUBLIC　　　　　　　　　　　B. PRIVATE
    C. LOCAL　　　　　　　　　　　 D. CREATE

25. 在表单 MyForm 中通过事件代码，将标签 Lb11 的 Caption 属性值设置为"计算机等级考试"，下列程序代码正确的是（　　）。
    A. MyForm.Lb11.Caption＝″计算机等级考试″
    B. This.Lb11.Caption＝″计算机等级考试″
    C. ThisForm.Lb11.Caption＝″计算机等级考试″
    D. ThisForm.Lb11.Caption＝计算机等级考试

26. 能够将表单的 visible 属性设置为.T.，并使表单成为活动对象的方法是（　　）。
    A. Hide　　　　　　　　　　　　B. Show
    C. Release　　　　　　　　　　　D. SetFocus

27. 将文本框的 PasswordChar 属性值设置为星号（＊），那么，当在文本框中输入"电脑2004"时，文本框中显示的是（　　）
    A. 电脑2004　　　　　　　　　　B. ＊＊＊＊＊
    C. ＊＊＊＊＊＊＊＊　　　　　　　D. 错误设置，无法输入

28. 下列关于 SQL 对表的定义的说法中，错误的是（　　）。
    A. 利用 CREATE TABLE 语句可以定义一个新的数据表结构
    B. 利用 SQL 的表定义语句可以定义表中的主索引
    C. 利用 SQL 的表定义语句可以定义表的域完整性、字段有效性规则等
    D. 对于自由表的定义，SQL 同样可以实现其完整性、有效性规则等信息的设置

29. 假设使用 DIMENSION a（5）定义了一个一维数组 a，正确的赋值语句是（　　）。
    A. a［6］＝10　　　　　　　　　 B. a＝10
    C. a［1］，a［2］，a［3］＝10　　 D. STORE 10 a［1］，a［2］，a［3］

30. 在 VFP 中，打开数据库的命令是（　　）。
    A. OPEN DATABASE 数据库名　　　B. USE 数据库名
    C. USE DATABASE 数据库名　　　　D. OPEN 数据库名

31. Visual FoxPro 中应用程序的扩展名是（　　　）。
    A．.PRG   B．.FXP
    C．.EXE   D．.APP

32. 在表单 MyForm 控件的事件或方法代码中，改变该表单背景属性为绿色，正确的命令是
    （　　　）。
    A．MyForm.BackColor＝RGB（0，255，0）
    B．THIS.Parent.BackColor＝RGB（0，255，0）
    C．THIS FORM.BackColor＝RGB（0，255，0）
    D．THIS BackColor＝RGB（0，255，0）

33. 对于图书管理数据库存，图书（总编号 C（6），分类号 C（8），书名 C（16），作者 C（6），
    出版单位 C（20），单价 N（6，2））
    读者（借书证号 C（4），单位 C（8），姓名 C（6），性别 C（2），职称 C（6），地址 C
    （20））
    借阅（借书证号 C（4），总编号 C（6），借书日期 D）
    查询当前至少借阅了 5 本图书的读者的姓名、单位和地址。下面 SQL 语句正确的是
    （　　　）。
    SELECT 姓名，单位，地址 FROM 读者 WHERE 借书证号 IN；
    A．（SELECT 借书证号 FROM 借阅 GROUP BY 总编号 HAVING COUNT（*）>=5）
    B．（SELECT 借书证号 FROM 借阅 GROUP BY 借书证号 HAVING COUNT（*）>=5）
    C．（SELECT 借书证号 FROM 借阅 ORDER BY 借书证号 HAVING COUNT（*）>=5）
    D．（SELECT 借书证号 FROM 借阅 GROUP BY 总编号 HAVING SUM（*）>=5）

34. 有以下程序段：
    DO CASE
    CASE 计算机<60
    ？"计算机成绩是："+"不及格"
    CASE 计算机>=70
    ？"计算机成绩是："+"及格"
    CASE 计算机>=60
    ？"计算机成绩是："+"中"
    CASE 计算机>=80
    ？"计算机成绩是："+"良"
    CASE 计算机>=90
    ？"计算机成绩是："+"优"
    ENDCASE
    设学生数据库当前记录的"计算机"字段的值是 89，屏幕输出为（　　　）。
    A．计算机成绩是：不及格   B．计算机成绩是：及格
    C．计算机成绩是：良   D．计算机成绩是：优

35. 下列关于候选键的说法中错误的是（　　　）。
    A. 候选键是唯一标识实体的属性集
    B. 候选键能唯一决定一个元组
    C. 候选键是不能唯一决定一个元组的属性集
    D. 候选键中的属性均为主属性

二、填空题

请将每一个空的正确答案写在答题卡【1】～【15】序号的横线上，答在试卷上不得分。

1. 计算机网络分为局域网和广域网，因特网属于【1】。

2. 数据的逻辑结构有线性结构和【2】两大类。

3. 布尔数据一般用于【3】，在流控制中常用。

4. 软件可维护性度量的七个质量特性是可理解性、可测试性、可修改性、可靠性、【4】、可使用性和效率。

5. 数据型包括简单数据类型和复合数据类型。简单数据类型又包括数值类型、【5】、布尔类型三大类。

6. 在文本框中，【6】属性指定在一个文本框中如何输入和显示数据，利用【7】属性指定文本框内显示占位符。

7. 启动菜单设计器的命令是【8】

8. 在成绩表中，只显示总分最高的前 10 名学生的记录，SQL 语句为：
SELECT　*　【9】10 FROM 成绩表 【10】总分 DESC

9. 运行下列程序，其结果应该是【11】。
```
SET TALK OFF
CLEAR
STORE 2 TO X，Y
DO WHILE .T.
Y=Y+3
DO CASE
CASE INT（Y/5）*5=Y
LOOP
CASE Y>10
EXIT
```

```
OTHERWISE
X=X+Y
ENDCASE
? 'X='+STR（X，2），'Y='+STR（Y，2）
ENDDO
SET TALK ON.
```

10. 关系操作的特点是【12】操作。

11. Visual FoxPro 6.0 是一个【13】位的数据库管理系统。

12. 假设考生数据库已经打开，数据库中有年龄字段。现在要统计年龄小于 20 岁的考生人数，
    并将结果存储于变量 M1 中，应该使用的完整命令是：【14】。

13. 执行下列命令后，显示结果为【15】。
    A = DATE( )
    B = DTOC(A)
    ? VARTYPE(A), VARTYPE(B)

第 25 套

一、选择题

下列每题 A、B、C、D 四个选项中，只有一个选项是正确的，请将正确选项涂写在答题卡相应的位置上，答在试卷上不得分。

1. 用高级语言编写的程序称为（　　）。
   - A. 源程序
   - B. 目标程序
   - C. 汇编程序
   - D. 命令程序

2. 在因特网(Internet)中，电子公告板的缩写是（　　）。
   - A. ftp
   - B. WWW
   - C. BBS
   - D. E－mail

3. 数据库设计的概念设计阶段，表示概念结构的常用方法和描述工具是（　　）。
   - A. 层次分析法和层次结构图
   - B. 数据流程分析法和数据流程图
   - C. 结构分析和模块结构图
   - D. 实体联系法和实体联系图

4. 下列说法中，正确的是（　　）。
   - A. 类是变量和方法的集合体
   - B. 数组是无序数据的集合
   - C. 抽象类可以实例化
   - D. 类成员数据必须是共有的

5. 栈底至栈顶依次存放元素 A、B、C、D，在第五个元素 E 入栈前，栈中元素可以出栈，则出栈序列可能是（　　）。
   - A. ABCD
   - B. DCBA
   - C. DBCA
   - D. CDAB

6. 关系模型允许定义 3 类数据约束，下列不属于数据约束的是（　　）。
   - A. 实体完整性约束
   - B. 参照完整性约束
   - C. 域完整性约束
   - D. 用户自定义的完整性约束

7. 下面列出的数据管理技术发展的三个阶段中，（　　）阶段没有专门的软件对数据进行管理。
   Ⅰ.人工管理阶段　　　　Ⅱ.文件系统阶段　　　　Ⅲ.数据库阶段
   - A. Ⅰ
   - B. Ⅱ
   - C. Ⅰ，Ⅱ
   - D. Ⅱ，Ⅲ

8. 各种网络传输介质（　　）。

　　A. 具有相同的传输速率和相同的传输距离

　　B. 具有不同的传输速率和不同的传输距离

　　C. 具有相同的传输速率和不同的传输距离

　　D. 具有不同的传输速率和相同的传输距离

9. 在对数据流图的分析中，主要是找到中心变换，这是从数据流图导出（　　）的关键。

　　A. 实体关系　　　　　　　　　　　　　B. 程序模块

　　C. 程序流程图　　　　　　　　　　　　D. 结构图

10. 面向对象设计时，对象信息的隐藏主要是通过（　　）实现的。

　　A. 对象的封装性　　　　　　　　　　　B. 子类的继承性

　　C. 系统模块化　　　　　　　　　　　　D. 模块的可重用性

11. 在 Visual FoxPro 程序中，注释行使用的符号是（　　）。

　　A. //　　　　　　　　　　　　　　　　B. {}

　　C. '　　　　　　　　　　　　　　　　　D. *

12. 在 VFP 的三种循环语句中，当循环次数为已知时，应选用（　　）语句。

　　A. DO WHILE　　　　　　　　　　　　B. SCAN

　　C. FOR　　　　　　　　　　　　　　　D. LOOP

13. 在 VFP 中，下列表达式中错误的是（　　）。

　　A. "总分"+10　　　　　　　　　　　　B. "AB"=="AB"

　　C. x>3 and y<5　　　　　　　　　　　D. x<>y

14. 一个数据表的备注字段和通用字段的全部内容都存储在（　　）。

　　A. 不同的备注文件　　　　　　　　　　B. 同一个文本文件

　　C. 同一个备注文件　　　　　　　　　　D. 同一个数据库存文件

15. 下列关于别名和自联接的说法中，正确的是（　　）。

　　A. SQL 语句中允许在 WHERE 短语中为关系定义别名

　　B. 为关系定义别名的格式为：＜别名＞＜关系名＞

　　C. 在关系的自联接操作中，别名是必不可少的

　　D. 以上说法均正确

16. 数据库文件 RS.DBF 有 10 条记录，执行下列命令后的结果是（　　）。

　　GO　　BOTTOM

　　LIST

　　? BECNO（）

A. 1   B. 10

C. 11   D. 0

17. 以下属于非容器控件的是（   ）。

     A. Form   B. Label

     C. Page   D. Container

18. 查询设计器中的"筛选"选项卡可以指定判别准则来查询满足条件的记录，其中提供了一些特殊运算符，其中 IN 运算符表示的是（   ）。

     A. 字段值大于某个值   B. 字段值小于某个值

     C. 字段值在某一数值范围内   D. 字段值在给定的数值列表中

19. 在下列表达式中运算结果为日期型的是（   ）。

     A. 04/05/97-2   B. CTOD（'04/05/97'）-DATE（）

     C. CTOD（'04/05/97'）-3   D. DATE（）+"04/05/97"

20. 在表设计器的"字段"选项卡中定义字段时，如果在某个字段的索引下拉列表中选定升序或降序，则建立的索引类型为（   ）。

     A. 主索引   B. 候选索引

     C. 普通索引   D. 惟一索引

21. 要为当前表所有商品价格增加 5 元应该使用命令（   ）。

     A. CHANGE 价格 WITH 价格+5   B. REPLACE 价格 WITH 价格+5

     C. CHANGE ALL 价格 WITH 价格+5   D. REPLACE ALL 价格 WITH 价格+5

22. 如果文本框的 Se1Start 属性值为-1，表示的含义为（   ）。

     A. 光标定位在文本框的第一个字符位置上

     B. 从当前光标处向前选定一个字符

     C. 从当前光标处向后选定一个字符

     D. 错误属性值，该属性值不能为负数

23. 字符串长度函数 LEN（SPACE（3）-SPACE（2））的值是（   ）。

     A. 1   B. 2

     C. 3   D. 5

24. 当前表中有 20 条记录，记录指针指向第 10 号记录，执行 LIST REST 命令后，当前记录号是（   ）。

     A. 20   B. 10

     C. 21   D. 1

25. 可以链接或嵌入 OLE 对象的字段类型是（　　　）。

    A．备注型字段　　　　　　　　　　B．通用型和备注型字段

    C．通用型字段　　　　　　　　　　D．任何类型的字段

26. 清除内存中第一个字符为"A"的内存变量，应使用命令（　　　）。

    A．RELEASE MEMORY　　　　　　B．RELEASE ALL LIKE A*

    C．RELEASE MEMORY LIKE A*　　D．CLEAR MEMORY LIKE A*

27. 表达式 LEN（SPACE（0））的运算结果是（　　　）。

    A．.NULL.　　　　　　　　　　　B．0

    C．1　　　　　　　　　　　　　　D．″ ″

28. 程序如下：

```
SET TALK OFF
INPUT TO X
FOR  =1 TO 9
   INPUT TO Y
   IF Y>X
      X=Y
   ENDIF
ENDFOR
? X
RETURN
```

本程序的功能是（　　　）。

    A．求 9 个数中的最大值　　　　　B．求 9 个数中的最小值

    C．求 10 个数中的最小值　　　　　D．求 10 个数中的最大值

29. 表示数据库文件中平均分超过 90 分和不及格的全部女生记录，应当使用的命令是（　　　）。

    A．LIST FOR　性别='女'.AND.平均分>=90.AND.平均分<=60

    B．LIST FOR　性别='女'.AND.平均分>=90.OR.平均分<60

    C．LIST FOR　性别='女'.AND.平均分>=90.AND.平均分<60

    D．LIST FOR　性别='女'.AND.（平均分>=90.OR.平均分<60）

30. 一个 VFP 程序，从功能上可将其分为（　　　）。

    A．程序说明部分、数据处理部分、控制返回部分

    B．环境保存与设置部分、功能实现部分、环境恢复部分

    C．程序说明部分、数据处理部分、环境恢复部分

    D．数据处理部分、控制返回部分、功能实现部分

31. 在表单设计阶段，以下说法不正确的是（   ）。

　　A. 拖动表单上的对象，可以改变该对象在表单上的位置

　　B. 拖动表单上对象的边框，可以改变该对象的大小

　　C. 通过设置表单上对象的属性，可以改变对象的大小和位置

　　D. 表单上对象一旦建立，其位置和大小均不能改变

32. Visual FoxPro 6.0 创建项目的命令是（   ）。

　　A. CREATE PROJECT　　　　　　　B. CREATE ITEM

　　C. NEW ITEM　　　　　　　　　　D. NEW PROJECT

33. 在命令窗口中，打印报表 YY1 可使用的命令是（   ）。

　　A. REPORT FROM YY1 TO PRINTER

　　B. REPORT FROM YY1＞PREVIEW

　　C. REPORT FORM YY1 TO PRINTER

　　D. REPORT FORM YY1 PREVIEW

34. 已知数据表 RSDA．DBF 有 30 条记录，执行下列四条命令的结果是（   ）。

　　USE RSDA

　　GO　BOTTOM

　　SKIP-I

　　LIST

　　A. 显示最后一条记录　　　　　　　B. 显示第一条记录

　　C. 显示倒数第二条记录　　　　　　D. 显示所有记录

35. 关于关系代数表达式的等价问题，下列说法错误的是（   ）。

　　A. 若两个关系代数表达式等价，则用两个同样的关系实例代替两个表达式中相应关系时，所得到的结果是一样的

　　B. 若两个关系代数表达式等价，则用两个同样的关系实例代替两个表达式中相应关系时，会得到相同的属性集

　　C. 若两个关系代数表达式等价，则用两个同样的关系实例代替两个表达式中相应关系时，会得到相同的元组集

　　D. 若两个关系代数表达式等价，则用两个同样的关系实例代替两个表达式中相应关系时，会得到相同的属性集，并且元组中属性的顺序也一致

二、填空题

请将每一个空的正确答案写在答题卡【1】～【15】序号的横线上，答在试卷上不得分。

1. 数据模型是用来描述数据库的结构和语义的，数据模型有概念数据模型和结构数据模型两类。E-R 模型是 <u>【1】</u>。

2. 浮点型数据必须有小数点，小数位数 bit 越【2】（多或少），表示越精确。

3. 在微机中，字符的比较就是对它们的【3】码进行比较。

4. 在一个容量为 25 的循环队列中，若头指针 front=16，尾指针 rear=9，则该循环队列中共有【4】个元素。

5. 软件工程研究的内容主要包括：【5】技术和软件工程管理。

6. 在 Visual FoxPro 中，数据表中备注型字段所保存的数据信息存储在以 【6】为扩展名的文件中。

7. 查询设计器的连接选项卡对应于 SQL SELECT 语句的【7】短语，用于编辑连接条件。

8. 数据结构分为逻辑结构与存储结构，线性链表属于【8】 。

9. 使用【9】命令可以取消表之间已经存在的临时联系。

10～12 题将用到下面的表：
假设图书订购数据库中有 3 个表：图书、客户和图书订购。它们的结构如下：

"图书" 表

书号（C,6）	书名（C,20）	作者（C,8）	出版社（C,20）	价格（N,5,2）
M1963	二级 C 语言	张三	南开大学出版社	18.60
M1964	二级 VB 语言	李四	南开大学出版社	40.00
M1965	二级 Access	张月	南开大学出版社	20.50

"客户" 表

客户编号（C,6）	客户名（C,20）	单位（C,20）	地址（C,40）
000001	王小红	天津培训学院	天津
000002	赵刚	北京师范大学	北京

"订购" 表

书号（C,6）	客户编号（C,6）	数量（N,4,0）
M1963	000001	100
M1964	000001	50
M1964	000002	150
M1965	000001	100
M1965	000002	150

10. 用 SQL 语句完成查询每个客户及其订购图书的情况：
    SELECT 图书. 书号，图书. 书名，图书. 作者，图书. 价格，订购. 书号，订购. 数
      量；
    FROM 图书，【10】WHERE 图书. 书号【11】

11. 用 SQL 语句完成按"数量"降序的顺序显示客户信息：
    SELECT 客户. 客户编号，客户名，单位，地址 FROM 客户，订购；
    WHERE 订购. 客户编号＝客户. 客户编号【12】订购数量【13】

12. 用 SQL 语句完成创建一个视图 LL，视图中包括客户名，单位，地址字段的信息：
    CREATE【14】 LL AS SELECT 客户名，单位，地址【15】客户

附录　参考答案

第 1 套

一、选择题

1.A	2.A	3.B	4.B	5.D	6.C	7.D	8.A	9.A	10.B
11.B	12.C	13.C	14.B	15.A	16.C	17.D	18.A	19.B	20.C
21.C	22.B	23.B	24.C	25.C	26.C	27.B	28.A	29.C	30.A
31.C	32.B	33.D	34.D	35.A					

二、填空题

【1】时间
【2】先移动栈顶指针，后存入元素
【3】逐步求精
【4】软件生命周期
【5】交换排序
【6】对象
【7】数值（或数字、或 N、或 n）
【8】SYSMENU
【9】10
【10】K=1 TO J
【11】STR(J*L，6)
【12】PRIMARY KEY
【13】Caption
【14】AT(" ", S)
【15】P7

第 2 套

一、选择题

1.D	2.A	3.C	4.C	5.B	6.A	7.B	8.A	9.B	10.D
11.B	12.C	13.C	14.A	15.B	16.B	17.D	18.B	19.B	20.C
21.D	22.D	23.A	24.C	25.D	26.B	27.D	28.A	29.A	30.C

31.D   32.C   33.D   34.D   35.A

二、填空题

【1】19

【2】有穷

【3】方法

【4】递归

【5】可重用性

【6】数值型（N 型）

【7】插入

【8】生成器

【9】M.学号（或 M->学号）

【10】逻辑型

【11】 UNION

【12】DO FORM T1（或 DO FORM T1.SCX）

【13】六

【14】选择

【15】RSDA3.DBF

第 3 套

一、选择题

1.D	2.A	3.C	4.D	5.A	6.D	7.C	8.D	9.B	10.D
11.A	12.A	13.B	14.A	15.C	16.D	17.A	18.B	19.C	20.C
21.C	22.D	23.C	24.C	25.C	26.A	27.C	28.D	29.B	30.B
31.A	32.D	33.B	34.A	35.B					

二、填空题（每空 2 分，共 30 分）

【1】数据库系统（ 数据库系统阶段 或 数据库 或 数据库阶段 或 数据库管理技术阶段）

【2】类

【3】有穷性

【4】虚函数

【5】n/2

【6】11

【7】用户不能更改属性值

【8】当前

【9】N

【10】{^1962-10-27}（或{^1962/10/27}、或{^1962.10.27}）

【11】CHJ6.DBF（或 chj6）

【12】院系＝"文学系" AND 课程名＝"计算机" AND 学生表.学号＝选课表.学号

【13】布局

【14】LOCATE FOR 成绩＞60

【15】RightClick

第 4 套

一、选择题

1.D	2.C	3.B	4.A	5.A	6.B	7.B	8.B	9.B	10.A
11.A	12.D	13.B	14.B	15.C	16.D	17.D	18.B	19.C	20.D
21.A	22.D	23.A	24.C	25.A	26.D	27.C	28.C	29.A	30.C
31.C	32.C	33.C	34.B	35.D					

二、填空题

【1】调试

【2】类

【3】需求规格说明书

【4】一对多

【5】循环

【6】INTO

【7】数据库表

【8】排除

【9】SET AGE=AGE+1（或 SET AGE=1+AGE）

【10】.NOT.、.AND.、.OR.（或 NOT、AND、OR，或!、AND、OR 等）

【11】动作

【12】数据查询

【13】SET　EXACT　ON

【14】PUBLIC

【15】RESTORE FROM MM

第 5 套

一、选择题

1.C	2.A	3.D	4.A	5.D	6.A	7.D	8.A	9.B	10.B
11.A	12.A	13.D	14.B	15.B	16.D	17.B	18.A	19.C	20.B

31.A　　32.A　　33.A　　34.B　　35.B

二、填空题

【1】需求分析

【2】$\log_2 n$

【3】6 位

【4】循环链表

【5】投影

【6】INTO TABLE（或 INTO DBF）

【7】局部变量（局域变量）

【8】ALTER

【9】DO　CX2.PRG

【10】5

【11】COLUMN

【12】更新

【13】INSERT

【14】SUM

【15】WHERE

第 6 套

一、选择题

1.D　　2.C　　3.B　　4.B　　5.C　　6.A　　7.D　　8.D　　9.B　　10.A

11.B　　12.C　　13.C　　14.D　　15.D　　16.D　　17.B　　18.B　　19.D　　20.A

21.B　　22.A　　23.C　　24.B　　25.C　　26.D　　27.B　　28.C　　29.B　　30.C

31.A　　32.B　　33.D　　34.C　　35.C

二、填空题

【1】代码生成

【2】存储结构（或物理结构、或物理存储结构）

【3】记录　或　元组

【4】边值分析法

【5】逻辑独立性

【6】自由表

【7】RELEASE

【8】13

【9】COUNT（ * ）或 COUNT（成绩）

【10】SCT（或.SCT）

【11】ADD（或 ADD COLUMN）　　【12】CHECK

【13】ON

【14】UPDATE　　　【15】SET

第 7 套

一、选择题

1.C	2.A	3.B	4.C	5.A	6.B	7.D	8.A	9.C	10.B
11.A	12.A	13.C	14.C	15.D	16.D	17.D	18.B	19.A	20.C
21.A	22.A	23.B	24.B	25.D	26.B	27.D	28.B	29.B	30.C
31.A	32.A	33.D	34.C	35.C					

二、填空题

【1】对象

【2】黑箱

【3】弱

【4】实体完整性

【5】8

【6】D

【7】文件尾

【8】Visible

【9】ALTER

【10】CHECK

【11】AND

【12】IN

【13】AS

【14】项目

【15】ORDER BY

第 8 套

一、选择题

1.C	2.D	3.B	4.D	5.D	6.A	7.A	8.A	9.D	10.D
11.B	12.B	13.A	14.B	15.B	16.C	17.A	18.B	19.C	20.A
21.C	22.D	23.B	24.B	25.B	26.B	27.B	28.C	29.D	30.C
31.C	32.B	33.C	34.C	35.C					

二、填空题

【1】350

【2】空间

【3】关系模型

【4】过程

【5】32

【6】8

【7】AVG(成绩)

【8】GROUP BY

【9】RecordSource

【10】7

【11】远程

【12】查询（或检索）

【13】主文件名

【14】.T.

【15】计算机等级二级 Visual FoxPro

第 9 套

一、选择题

1.D	2.B	3.B	4.B	5.C	6.B	7.C	8.B	9.A	10.C
11.C	12.D	13.A	14.A	15.C	16.A	17.A	18.A	19.C	20.A
21.C	22.D	23.C	24.C	25.D	26.C	27.A	28.B	29.A	30.D
31.B	32.D	33.A	34.C	35.A					

二、填空题

【1】软件工程学

【2】存储结构

【3】4

【4】自然连接

【5】共享性

【6】级联

【7】do form myform

【8】USE 教师 IN 2

【9】将查询结果排序

【10】SUM(工资)

【11】B.DBF

【12】标签
【13】编号 INTO　A
【14】　A->
【15】S.FPT

第 10 套

一、选择题

1.D	2.D	3.A	4.A	5.D	6.C	7.B	8.A	9.B	10.D
11.D	12.B	13.B	14.B	15.C	16.A	17.C	18.D	19.B	20.A
21.C	22.B	23.C	24.C	25.B	26.C	27.B	28.B	29.B	30.D
31.D	32.C	33.D	34.B	35.D					

二、填空题

【1】15
【2】时间复杂度和空间复杂度
【3】软件开发
【4】连接错误
【5】内聚
【6】假（或.F.）
【7】多对多（或 m:n）
【8】101
【9】并发操作
【10】.T.　　.F.　　1
【11】SOME
【12】WHERE（或 WHER）
【13】CHECK
【14】DROP TABLE
【15】INSERT

第 11 套

一、选择题

1.A	2.B	3.C	4.D	5.C	6.C	7.C	8.A	9.D	10.C
11.A	12.C	13.D	14.A	15.B	16.A	17.A	18.A	19.D	20.C
21.D	22.C	23.A	24.D	25.D	26.C	27.B	28.A	29.A	30.B
31.B	32.C	33.B	34.A	35.D					

二、填空题

【1】机器语言

【2】分类性

【3】黑盒（或黑箱）

【4】非线性结构

【5】封装

【6】CENTRY

【7】逻辑

【8】物理

【9】DELETE（或 DELE、或 DELET）

【10】UPDATE（或 UPDA、或 UPDAT）

【11】N（数值型）

【12】ColumnCount

【13】{^2002-09-26}（或{^2002/09/26}）

【14】TO A

【15】QUIT

第 12 套

一、选择题

1.D	2.D	3.C	4.B	5.B	6.B	7.C	8.B	9.C	10.B
11.A	12.C	13.B	14.A	15.D	16.B	17.C	18.D	19.B	20.B
21.B	22.B	23.B	24.B	25.C	26.A	27.D	28.A	29.C	30.C
31.C	32.C	33.B	34.A	35.A					

二、填空题

【1】算法（或程序、或流程图）

【2】栈　或　Stack

【3】数据字典

【4】软件复用

【5】算法

【6】DBC（或.DBC）

【7】DBF（或.DBF）

【8】有穷性

【9】代码

【10】循环

【11】12.00

— 188 —

【12】.T.（或逻辑真、或真、或.Y.）

【13】INTO TABLE（或 INTO DBF）

【14】结构复合索引

【15】COUNT TO M1 FOR 年龄 >40

第 13 套

一、选择题

1.B	2.D	3.D	4.D	5.C	6.D	7.C	8.D	9.B	10.C
11.D	12.B	13.A	14.D	15.A	16.C	17.C	18.D	19.A	20.D
21.B	22.A	23.A	24.C	25.A	26.B	27.D	28.D	29.A	30.A
31.B	32.A	33.B	34.C	35.A					

二、填空题

【1】3

【2】数据结构

【3】调试或程序调试或软件调试或 Debug(英文字母大小写均可)或调试程序或调试软件

【4】一对多（或 1:n）

【5】自顶向下

【6】3

【7】NULL（或.NULL）

【8】23+17

【9】逻辑型

【10】假（或.F.）

【11】10

【12】128

【13】ADD（或 add column）

【14】UPDATA

【15】SET

第 14 套

一、选择题

1.D	2.B	3.B	4.A	5.C	6.D	7.A	8.A	9.D	10.B
11.D	12.C	13.A	14.B	15.D	16.B	17.A	18.B	19.B	20.C
21.A	22.B	23.D	24.B	25.D	26.C	27.B	28.C	29.A	30.D
31.A	32.D	33.B	34.A	35.A					

二、填空题

【1】存储 或 物理

【2】线性结构

【3】关系 或 关系表

【4】模块

【5】静态分析

【6】数据内容

【7】数据形式

【8】EXIT

【9】逻辑值真或逻辑值假

【10】按行的顺序

【11】B.DBF

【12】前

【13】软件生命周期

【14】INTO CURSOR

【15】逻辑数据模型

第 15 套

一、选择题

1.C	2.D	3.B	4.B	5.B	6.A	7.B	8.C	9.D	10.C
11.D	12.C	13.A	14.C	15.B	16.A	17.A	18.D	19.D	20.D
21.C	22.C	23.A	24.B	25.B	26.B	27.C	28.B	29.D	30.B
31.A	32.C	33.B	34.C	35.A					

二、填空题

【1】E-R 图

【2】数据库管理系统

【3】数据类型

【4】线性结构

【5】自顶而下

【6】VISUAL FOXPRO

【7】ParentClass（父类名，即当前类是从它派生而来的）

【8】筛选

【9】LOCATE

【10】实体

【11】字段有效性规则（或域约束规则）

【12】MyForm1.Show

【13】MyForm1.Hide

【14】CAPTION

【15】UNIQUE

第 16 套

一、选择题

1.C	2.A	3.B	4.D	5.A	6.C	7.A	8.D	9.C	10.D
11.C	12.D	13.C	14.D	15.D	16.D	17.B	18.A	19.A	20.B
21.D	22.C	23.D	24.B	25.A	26.D	27.D	28.B	29.B	30.D
31.B	32.D	33.D	34.B	35.A					

二、填空题

【1】物理独立性

【2】一对多

【3】驱动模块

【4】可行性研究

【5】外模式

【6】AGAIN

【7】数据库表

【8】pjx 或.pjx

【9】QPR

【10】.DBC（或 DBC）

【11】结构复合索引

【12】.CDX 或 CDX（注：答案可以是小写字母）

【13】HAVING

【14】MODIFY

【15】2002.6.26

第 17 套

一、选择题

1.B	2.B	3.C	4.D	5.B	6.D	7.A	8.C	9.D	10.B
11.B	12.B	13.B	14.C	15.C	16.D	17.D	18.B	19.C	20.A
21.B	22.A	23.C	24.D	25.D	26.B	27.C	28.C	29.B	30.D
31.B	32.A	33.D	34.D	35.D					

二、填空题

【1】n+1

【2】软件开发

【3】操作系统 或 OS

【4】逻辑

【5】n(n-1)/2

【6】ALTER

【7】ADD UNIQUE

【8】CHECK（或 CHEC）

【9】123500

【10】DISTINCT

【11】RSDA3

【12】WHERE

【13】参照完整性

【14】SELECT 0

【15】.F.

第 18 套

一、选择题

1.A	2.D	3.C	4.D	5.A	6.B	7.A	8.C	9.B	10.C
11.A	12.D	13.B	14.C	15.D	16.D	17.C	18.D	19.B	20.D
21.D	22.C	23.D	24.C	25.C	26.A	27.A	28.D	29.B	30.A
31.D	32.A	33.A	34.A	35.A					

二、填空题

【1】128

【2】关系完整性约束

【3】面向对象

【4】逻辑

【5】集成测试

【6】\- （或 "\-"、或 '\-'）

【7】记录集

【8】 ORDER BY （ORDE BY）

【9】Visible

【10】模式 / 内模式映射

【11】数据模型

【12】TO REFERENCE

【13】SET DEFA TO D:\CBS（或 SET DEFAULT TO D:\CBS）

【14】SUM(工资)

【15】.T.

第 19 套

一、选择题

1.A	2.A	3.D	4.C	5.C	6.D	7.D	8.B	9.D	10.D
11.D	12.B	13.A	14.C	15.D	16.C	17.B	18.D	19.C	20.D
21.B	22.D	23.C	24.C	25.B	26.B	27.C	28.B	29.D	30.B
31.B	32.C	33.A	34.C	35.D					

二、填空题

【1】 45

【2】叶子结点

【3】 队列 或 Queue

【4】线性结构

【5】0

【6】DELETE

【7】主索引和候选索引（或主索引 、或候选索引、或主索引、或候选索引）

【8】APPEND

【9】元组（或记录）

【10】.CDX

【11】结构复合索引文件

【12】逻辑型（L 型）

【13】组标头

【14】组注脚

【15】GROUP BY 课程号（或 GROUP BY 1、或 GROUP BY SC.课程号）

第 20 套

一、选择题

1.D	2.A	3.D	4.B	5.D	6.B	7.B	8.C	9.C	10.C
11.C	12.D	13.A	14.A	15.D	16.D	17.C	18.C	19.A	20.D
21.C	22.A	23.C	24.A	25.D	26.D	27.C	28.D	29.D	30.B
31.C	32.A	33.B	34.D	35.C					

二、填空题

【1】操作系统 或 OS

【2】效率

【3】算法

【4】变换分析设计

【5】时间代价

【6】"包含"

【7】Myform Show

【8】逻辑型

【9】数据结构化

【10】 数据高度共享

【11】.T.

【12】命令交互

【13】程序

【14】COLUMN

【15】INSERT

第 21 套

一、选择题

1.A	2.C	3.D	4.D	5.C	6.C	7.C	8.B	9.D	10.C
11.B	12.D	13.C	14.C	15.C	16.B	17.A	18.D	19.B	20.A
21.D	22.A	23.B	24.D	25.C	26.B	27.B	28.D	29.C	30.B
31.D	32.D	33.D	34.B	35.C					

二、填空题

【1】n/2

【2】谓词演算

【3】$\log_2 n$

【4】上溢

【5】物理独立性

【6】3

【7】USE 学生 IN　　2　　ALIAS　　xsh

【8】1

【9】CREATE DATABASE 数据库名

【10】工资　　880.00

【11】1

【12】APPEND

【13】GROUP BY

【14】HAVING

【15】NOT EXISTS

第 22 套

一、选择题

1.C	2.D	3.B	4.D	5.C	6.B	7.A	8.C	9.B	10.D
11.A	12.D	13.C	14.D	15.D	16.B	17.D	18.B	19.C	20.D
21.B	22.C	23.B	24.D	25.D	26.A	27.C	28.A	29.D	30.B
31.C	32.B	33.C	34.A	35.B					

二、填空题

【1】类

【2】逻辑数据模型

【3】降低复杂性

【4】2

【5】冒泡排序

【6】ColumnCount

【7】.CDX

【8】STORE 20 TO A1,A2 或 STORE 20 TO A2,A1

【9】DISTINCT

【10】Caption（不区分大小写）

【11】MAX(单价)   COUNT（*）>=2

【12】单价>=15.AND.单价<=25

【13】单价 ASC

【14】REPLACE ALL

【15】ColumnOrder

第 23 套

一、选择题

1.D	2.B	3.A	4.D	5.A	6.B	7.A	8.B	9.C	10.C
11.D	12.A	13.D	14.D	15.C	16.D	17.A	18.B	19.A	20.B
21.A	22.D	23.C	24.A	25.C	26.C	27.B	28.B	29.C	30.C
31.A	32.B	33.D	34.A	35.D					

二、填空题

【1】接口

【2】链表存储

【3】数据库概念设计阶段

【4】线性结构和非线性结构

【5】空指针

【6】DEBUG

【7】DELETE

【8】.F.

【9】DROP COLUMN

【10】LIKE

【11】AVG(单价)

【12】COUNT（*）

【13】图书管理！图书

【14】Caption

【15】6 5 4 3 2 1

第 24 套

一、选择题

1.D	2.B	3.B	4.B	5.C	6.B	7.C	8.D	9.C	10.B
11.D	12.D	13.D	14.B	15.C	16.B	17.C	18.D	19.C	20.B
21.B	22.D	23.D	24.A	25.C	26.B	27.C	28.D	29.B	30.A
31.D	32.B	33.B	34.B	35.C					

二、填空题

【1】广域网

【2】非线性结构

【3】逻辑判别

【4】可移植性

【5】字符类型

【6】PasswordChar

【7】InputMask

【8】MODIFY MENU<文件名>

【9】TOP

【10】ORDER BY

【11】X=10 Y=8

【12】集合

【13】32

【14】COUNT TO M1 FOR 年龄＜20

【15】D　　C

第 25 套

一、选择题

1.A	2.C	3.D	4.A	5.B	6.C	7.A	8.B	9.D	10.A
11.D	12.C	13.A	14.C	15.C	16.C	17.B	18.D	19.C	20.C
21.D	22.D	23.D	24.C	25.C	26.B	27.B	28.D	29.D	30.A
31.D	32.A	33.C	34.D	35.D					

二、填空题

【1】概念数据模型

【2】多

【3】ASCⅡ

【4】18

【5】软件开发

【6】.DBT

【7】JOIN ON

【8】存储结构

【9】SET RELATION TO

【10】订购

【11】＝订购. 书号

【12】ORDER BY

【13】DESC

【14】VIEW

【15】FROM